吾乡吾土 引 导 手 册

山中田事

田字格公益◎编

孔學堂書局

图书在版编目（CIP）数据

山中田事 / 田字格公益编 . -- 贵阳 : 孔学堂书局 , 2025. 3. --
(吾乡吾土 / 肖诗坚主编). -- ISBN 978-7-80770-603-8

Ⅰ . S-49

中国国家版本馆 CIP 数据核字第 2024ZG3069 号

吾乡吾土 · 引导手册　　肖诗坚◎主编

山中田事　　田字格公益◎编

责任编辑：窦玥声　何青青
装帧设计：潘伊莎
排版制作：潘伊莎
责任印制：张　莹　刘思好

出版发行：贵州日报当代融媒体集团
　　　　　孔学堂书局
地　　址：贵阳市乌当区大坡路26号
印　　刷：天津联城印刷有限公司
开　　本：889mm×1194mm　1/16
字　　数：198千字
印　　张：8.5
版　　次：2025年3月第1版
印　　次：2025年3月第1次印刷
书　　号：ISBN 978-7-80770-603-8
定　　价：25.00元

自 2017 年秋季学期在贵州省正安县田字格兴隆实验小学开启第一堂乡土人本主题课（即乡土主题课前身）始，历经八载的更迭，我们终于完成了"吾乡吾土"丛书的编纂工作，丛书总计 14 册。在此，我们诚挚地将这份凝聚着上海浦东新区田字格志愿服务社（下称：田字格公益）8 年来在乡土人本教育中探索与实践的心血结晶，奉献给所有在乡村教育征途上不懈探索的同行者。

在本丛书中，《吾乡吾土的探索与实践》作为理论、方法和实践核心，为其他图书奠定了坚实的基础；《吾乡吾土指导纲要》则为乡土主题课（下称：乡土课）的整体实施提供了总揽性的指导；"吾乡吾土·引导手册"系列（共 4 册，下称："引导手册"）分别针对乡村小学一至四年级的乡土课"大山·家""山中万物""山中田事""山中百居"四大主题，制订了详细的教学指导方案；"吾乡吾土·探索手册"系列（共 8 册，下称："探索手册"）则是配套的学生任务单，供学生在实践中记录学习。

这 14 册图书不仅记录了田字格公益 8 年来在乡土人本教育领域的艰辛探索，更承载了整个团队对乡村教育的深厚情感与执着追求。它们的珍贵与独特在于其系统性、专业性、实践性和可操作性。

本丛书中的"引导手册""探索手册"专为贵州省乡村小学一至四年级教师及学生定制，深度贴合乡村生活实际，同时参考国家课程标准，探索跨学科的综合实践教学，且经过贵州省遵义市正安县、务川仡佬族苗族自治县、黔西南布依族苗族自治州兴义市、贞丰县，以及毕节市七星关区等地共计百余所乡村小学的多年实践和多次迭代优化，确保了其内容的广泛适用性和实践性。为简化乡村教师的教学流程，本丛书的"引导手册"包含详尽的学期教学计划、单元计划及教案，并提供配套电子课件。教师接受简单培训，即可依据"引导手册"轻松开展课堂教学。

值得一提的是，"吾乡吾土"丛书虽是基于贵州百余所田字格公益项目学校的实践经验不断优化总结而成，但对中国山区，尤其是西南地区的学校同样适用，教师根据教学实际对"引导手册"和"探索手册"内容进行适当调整，即可应用于自己的教学。

最后，我们深知，尽管我们已倾注全力，但仍有诸多不足。我们衷心希望各位读者能够不吝赐教，提出宝贵建议，帮助我们不断进步与完善。

肖诗坚

2024 年 11 月 25 日

一、"山中田事"主题介绍

在贵州这片充满魅力的土地上，梯田不仅是一幅绚丽多彩的乡村风景画卷，更是人与自然和谐共融、相生相息的生动诠释，承载着深厚丰富的农耕文化遗存与先民智慧。然而，随着生产技术的进步与生活方式的变迁，乡村学子们与承载着历史记忆的传统农耕活动渐行渐远，他们与这片滋养万物的土地之间的情感纽带，也在不经意间变得疏离了。

正是在这样的背景下，"山中田事"这一独具匠心的主题课程应运而生，它为学生们搭建了一座桥梁，让他们得以亲身踏入田间地头，体验农业劳动的艰辛与喜悦，重新构建起与土地源自血脉深处的深厚联系。这不仅是一次难能可贵的实践机会，更是一场心灵的回归之旅，让学生们在这片古老而又充满活力的土地上，重新找回对自然的敬畏与热爱。

三年级的学生已经具备了初步的劳动实践能力，能够参加本学期劳动实践课程。同时，党和国家长期以来高度重视劳动教育，为这一教育主题的深入实施提供了坚实的政策支持。

"山中田事"是一门探索家乡农耕文化的特色乡土课程。通过本课程的开展，学生们将深入了解农作物的生长周期和生长要素，亲手触摸历久弥新的传统农具，学习蕴含着古人智慧的节气农谚。这些丰富多彩的活动不仅能够让他们掌握农业生产的基本知识，更能让他们深刻体会到先辈们的勤劳智慧。同时，学生们将有机会亲身体验家乡山田的迷人风光，直接与土地亲密接触，在泥土的芬芳和稻穗的摇曳中，更加深刻地感受到家乡的美丽与富饶。这样的美好体验，如同一颗种子，将在他们心中生根发芽，增强他们对家乡的认同感和归属感，让他们在成长的道路上，始终怀揣着对这片土地深深的热爱和敬意。

二、适用对象：三年级学生

三、课时安排：40课时（每课时40分钟）

"山中田事"主题课程分为上、下两学期进行教学，每学期各20课时，共40课时。

四、主题目标

"山中田事"主题课程的开展，旨在提升学生八个方面的核心素养[1]。

（一）勇于探究

在好奇心的驱使下，学生能围绕与田相关的事物提出感兴趣的问题。

围绕与田相关事物的现象和任务，学生能运用各种感官、恰当的工具，进行观察和实验，得出结论，并运用比较准确的词汇描述。

（二）实践创新

学生学习并初步掌握简单的农业劳动技能，展现出积极的劳动态度，并能与他人协作完成劳动任务。

（三）沟通合作

学生在小组讨论中遵守"轮流发言""专注倾听""举手表决""分工明确"等合作学习约定。

学生能在限定时间内开展组内合作，并尝试履行自己的职责。

（四）自信分享

学生能遵守分享规则，主动分享观察、感受、创作成果以及小组得出的结论等内容。

学生能围绕既定主题，清晰、明了、流畅地分享内容，并尝试增加内容细节。

（五）乐学善学

学生能积极参与课堂互动、小组讨论、自然观察、自主探究、艺术创作等不同类型的学习活动。

学生能掌握思维导图的绘制方法，能绘制四级主题的思维导图。

学生能尝试独立使用"我的成长档案"进行小组互评和自我评价，初步树立反思和改进的意识。

学生能运用"农作物观察记录表"观察并记录农作物的生长变化。

（六）乡土认同

学生能描述山田的特点，了解与之相关的农作物、农具，并掌握二十四节气等相关知识，从而增强对家乡农田、农业和农耕文化的认识。

学生能发现家乡田的美好与独特，产生对家乡的积极情感体验，强化对家乡的认同感。

---

1 "核心素养"的来源以及解释，参考《吾乡吾土指导纲要》（孔学堂书局2025年版）第一章内容。

（七）社会责任

学生能主动遵守课堂约定，积极维护劳动纪律、活动规则等。

学生理解田、山、人与农作物之间的紧密联系，理解农作物生长与自然万物的关系，初步树立对大山、田、农作物、农人及其他事物的感恩意识。

学生能树立保护土地资源和农田自然生态的意识，并通过实际行动影响带动他人共同关注和爱护农田健康。

（八）审美情趣

学生能从色彩运用、形状选择和画面的元素丰富性等角度表达自己的发现。

学生能结合观察、感受，使用线条、色彩、形状等绘画元素进行简单的绘画创作。

五、主题内容

（一）"山中田事"（上）

"山中田事"主题上学期主要围绕"山中田的特点""农作物生长过程""山、田、农人、农作物的关系"等内容展开，包括三个单元。学生通过外出观察，认识山中田的特点，深入研究农作物，理解田、山、人与农作物之间的紧密联系，以及农作物生长与自然万物的关系，从而树立对大山、田、农作物、农人及其他事物的感恩意识。

走进秋日山中田：学生前往户外，观察秋天山中田的形态特征，对山中田形成初步概念，并开始思考"山"与"田"的关系。在此基础上，学生学习字源和历史故事，探究"田"的起源，并在观察和对比中，学习影响山田形态的主要因素。最后，学生运用线条和色彩创作秋日山中田绘画。

农作物生长探秘：学生从认识常见农作物的种子开始，接着探究常见农作物的生长过程、成长要素等内容，最后绘制手抄报。

万物感恩交响曲：学生从山、农作物、田和农人等角度再次思考它们之间的密切关系。

（二）"山中田事"（下）

"山中田事"主题下学期主要围绕"春日山中田的特点""常见农具和二十四节气""山田收获""守护山田"等内容展开，包括四个单元。在景色秀美的春日，学生再次走进山中田，跟随农人学习耕种事项，认识农具，学习二十四节气，追踪农作物收获后的用途，最后落脚到土壤健康和山田保护，呼吁更多人爱田护田。

走进春日山中田：学生将通过体验、观察，描述春日山中田的特征。在这个过程中，学生用画笔捕捉春天山中田的美丽景象，深入思考春日田与秋日田的差异。

跟农学田事：学生跟随农人，学习农耕农具的使用方法，了解指导农事活动依时开展的节气，切身感受山田里的智慧。

田里收获去哪了：学生将踏上一场追踪之旅，揭秘农作物收获后从田间到餐桌以及其他方面的用途变化。最后，通过教师引导，学生再次认识到农作物的成长，除了农人的辛勤付出，也离不开自然万物的相助。

守护山田共行动：学生了解突出的山田问题及其产生的原因。在此基础上学生结合生活经验和所学，探讨改善山田问题的方法，并初步接触"可持续农业"的概念。最后，通过创编护田海报，呼吁更多人参与到守护山田的行动中。

六、课程资源包

为了给乡土课教师和学生提供全面、系统的支持，实现课程目标，田字格公益为教师和学生提供了一整套教学和学习材料，包括："引导手册"系列、"探索手册"系列以及电子课件等，这些统称为"乡土课程资源包"。

教师需将"引导手册""探索手册"和电子课件整合使用，以确保教学内容的一致性。同时，教师可根据学校的实际情况以及学生的实际需求，灵活调整教案和活动设计，创造性使用"乡土课程资源包"中的内容。为了保证内容的完整性，每次课都比较紧凑，教师可以根据实际情况灵活增加课时，以保证每次课都能充分开展。

（一）"引导手册"系列

每名教师配备1本，作为教学的主要参考。内容包括：

1. 课程介绍：整个学年的教学蓝图，包括主题目标、主题内容、课程评价方式、使用建议等。

2. 单元教学计划：详细介绍了每个单元的教学设计思路、学习目标等。

3. 教案：包括每堂课具体的教学目标、教学重难点、教学建议、教学准备、教学内容等。教案中涉及的视频、图片、音频等资源，教师可通过网络自行搜索下载，也可根据需要替换为近似的资源文件。

4. 教具清单：主题学习所需的教具和材料清单，包括彩笔、剪刀、卡纸、绘本以及教师需要提前准备的各类材料等，帮助教师做好课前准备。

5. 学生学期评价量表：用于评估学生在学期的学习进展和成就。

6. 合作学习约定：为了使小组能顺利地完成任务，课程中会教授学生合作技巧（即每次布置任务时提到的合作学习约定），包括"轮流发言""举手表决""专注倾听""分工明确""达成共识""做好记录"等。

（二）"探索手册"系列

每名学生配备 1 本，用于课堂活动和课后作业。"探索手册"旨在引导学生积极参与课堂活动，记录学习要点和完成课后任务。

（三）电子课件

电子课件包含多媒体教学资源，如图片、PPT 等，与"引导手册""探索手册"配合使用，以增强学生的学习体验。

扫描二维码（图 1），填写表单即可获取课件下载方式。

图1：电子课件申领二维码

七、课程建议

（一）课程重点

1. 五步教学法

"五步教学法"是设计乡土课的主要工具[1]，无论是学期教学计划、单元设计、课堂教案设计，都离不开五步教学法的应用。五步教学法包括：体验、学习、创造与行动、分享、联结与升华。

在"山中田事"主题上学期中，学生先通过观察、感受秋季山中田的特点，产生探究的兴趣，形成山中田的初步概念，思考山与田的关系。接着，学生通过"农作物生长探秘"单元，进一步深入学习与农作物相关的内容。最后通过"万物感恩交响曲"单元，学生进行创作、分享与升华。学生创作《感恩宣言》，从山、田、农作物、农人等角度思考他们之间的紧密关系，最后形成对山、田、农作物、农人等事物的感恩意识。

在"山中田事"主题下学期中，学生先通过"走进春日山中田"的活动，体验家乡春天田的独特与美好，观察农人如何从事田间劳动，关注农作物的生长情况。接着，学生们将跟随农人学习农耕农

1　详见《吾乡吾土的探索与实践》（孔学堂书局 2025 年版）第四章内容。

具的使用方法,了解农事活动所依的节气。最后,通过"守护山田共行动"单元,学生编创护田海报,呼吁更多人参与到守护山田的行动中。

2. 践行劳动实践教育

"山中田事"课程设计了相应的劳动实践活动,能够让学生在实践中理解农业生产活动的各个环节。

学生亲自参与播种,学习耕种事项,体验劳动的乐趣。通过认识锄头、铲子、镰刀等传统农具,学生能够直观地理解农具在耕作中的重要性和使用方法,从而更加尊重和理解农人的智慧。

通过照顾农作物,持续观察并记录它们的生长过程,学生们将会认识到农作物长成的不易,体会到农人劳作的艰辛,从而养成珍惜粮食的好习惯。同时,在实践中,学生们将初步理解人类活动与自然环境之间的相互作用,认识到可持续发展的重要性,形成爱护土壤、保护农田的生态意识。

3. 培养小组合作能力

从三年级开始,教师要在学期初即引导学生在小组内分配不同的角色,比如组长、记录员、观察员、安全员、资料员等,培养学生的责任感和团队精神。这种角色分配有助于每个学生明确自己的职责,从而更有效地参与到小组活动中。

在不同的农事体验活动中,小组成员根据各自的角色发挥着不同的作用。例如,记录员负责记录小组讨论结果,安全员确保所有活动都在安全的前提下进行等等。分工合作不仅让每个学生都能在小组中发挥作用,也让学生体会到团队合作的力量。

在合作学习的过程中,学生练习并运用"轮流发言""达成共识""举手表决"等合作学习约定。这不仅能提高小组讨论的效率,也促进学生之间的相互尊重和理解。

4. 建立与村庄的联系

课程设计中有许多与农人之间的直接互动,通过邀请他们进入课堂或直接走进他们家里,请他们分享耕种注意事项、介绍农具等,将会有效地促进学校与村庄的紧密结合。让学生在真实的社会环境中学习,提升学生的学习兴趣和实践能力。

(二)课程固定版块

1. 明确活动规则与示范演示

在开展每项活动前,教师应确保每位学生都清楚了解活动规则,必要时教师要进行规则的示范。

2. 课堂的固定内容

课堂固定内容为回顾《乡土开课辞》、回顾课堂规则、回顾户外课堂约定、上节课回顾、本节课总结。

回顾《乡土开课辞》[1]：教师可以和学生一起为《乡土开课辞》编动作[2]，激发学生的学习兴趣。

回顾课堂规则：教师重申课堂规则，确保学生对课堂约定有清晰的认识，并能遵守。

回顾户外课堂约定：外出活动前，均需重申户外课堂的规则要求，以确保学生恪守约定、户外课能顺利开展。

上节课回顾：教师通过提问或游戏的方式，回顾上节课内容，为本次课开展作铺垫。

本节课总结：每个课堂结束前，教师应总结当天的学习内容和学生表现，帮助学生巩固记忆。然后，通过引导学生填写"探索手册"中的本课"今日收获"。

3. 总结课版块

每个单元的最后一次课一般包括两个重要活动：绘制思维导图，填写"我的成长档案"。

思维导图：是一种有效的图形思维工具。通过绘制思维导图，教师引导学生回顾并总结每个单元或每个学期所学内容。在本学年，学生需能绘制四级主题的思维导图。

我的成长档案：每个单元结束时，学生填写"我的成长档案"对自己的学习表现进行自评，并对小组其他成员作出评价，以反思自己和小组伙伴的成长变化。

（三）评价与反馈

课程采用多元的评价方式，旨在帮助教师全面了解学生学习进展，引导学生自我反思和持续成长。

1. 从评价内容的角度，教师可对学生进行鼓励性评价。

（1）小组合作情况：教师可评价学生在小组合作中的表现，如学生是否能做到轮流发言、认真倾听、积极参与小组活动；也可评价小组整体合作情况，如是否做到分工明确、互帮互助、有序组织等。

（2）学生分享情况：教师可对学生的作品或观点给予积极的反馈，如"这幅作品很有想象力""这个观点很独特"等。

（3）学生参与活动情况：教师可以评价学生参与活动的积极和投入程度，是否遵守规则，以及在分享时的礼仪、音量和表达等方面的表现情况。

（4）学生进步情况：评价学生在学习中取得的各方面的进步。

（5）学生遵守课堂规则情况：评价学生是否遵守规则，保持良好的秩序的情况。

（6）学生掌握知识情况：评价学生对知识的掌握情况。

（7）学生填写"探索手册"的质量：可从书写工整程度、作品创意等方面进行评价。

1　《乡土开课辞》的内容阐释，请参考《吾乡吾土的探索与实践》（孔学堂书局 2025 年版）第四章中关于"乡土观"的介绍。

2　《乡土开课辞》的动作编排可参考田字格公益官网"学习园地—课程资源"中的"乡土示范课"。

（8）其他：可从学生是否做到勤于思考、专注、用心、有责任心等方面进行评价。

2. 从评价时间的角度，教师可以在三个环节对学生评价。

（1）当堂评价：教师在教学过程中，要及时给予学生正面的反馈和建设性的建议，激励学生不断探索和进步。

（2）单元评价：每个单元结束时，教师和学生均需填写"探索手册"中"我的成长档案"，其包括学生自评、小组互评、教师评价三个部分。学生填写时要反思学习的表现和进步，小组同伴需互相看到合作中的亮点和不足。教师根据学生的课堂表现，提供个性化的反馈和建议。

（3）学期评价：本手册中提供了"学生学期评价量表"，教师可将该表复印并张贴在教室中，供学生熟悉评估维度。每个学期末，教师可根据该表综合评价学生整个学期的表现。

（四）教师活动

本手册的课堂教案中有清晰、规范的教师活动的建议，教师可直接使用本手册中内容，也可根据实际情况调整。教师在课堂中的活动必须遵循三个原则：尊重学生；活泼有趣，特别是对于低年级的学生；以鼓励性的语言为主，同时确保表达准确、清晰。

表：教师活动规范说明

教师活动	活动类型	活动说明
教师引入	语言	教师可参考"引导手册"提供的完整性语言，为学生作活动引入
教师介绍	语言	教师可参考电子课件提供的内容，在备课时准备好如何具体表达此部分内容
教师出示	动作	出示内容一般为谜语、图片、范例等。教师可参考"引导手册"提供的关键词，在课前完成下载、制作，并放入电子课件
教师播放	动作	播放内容一般为视频。教师可参考"引导手册"提供的关键词，在课前完成视频准备（下载、课前在班班通上打开）
教师示范表达	语言	教师可参考"引导手册"的示范表达语言，为学生做示范
教师示范动作	动作	教师可参考"引导手册"的动作提示，为学生作动做示范

（续表）

教师活动	活动类型	活动说明
教师组织	动作	教师在组织学生开展活动时（外出、分享、展示、实践、创作、游戏等），应注意以下几个方面： 1. 教师在组织活动时，需和学生明确活动规则，如果有个别学生违反规则，教师需及时提醒该生。如果较多学生违反规则，教师应该暂停活动，重新和学生强调规则，待学生能遵守规则时，再开始活动 2. 教师的音量，应符合活动的要求。比如在创作时，要求学生音量为"1"，教师在巡场指导时，音量也要为"1" 3. 在活动结束后，教师应对活动中小组或者学生表现好的方面给予肯定或鼓励性评价，以引导、培养学生的好习惯
思考与互动	语言	教师通过提问引导学生思考，与学生互动。具体问题可以直接参考本手册。同时，教师需注意以下三点： 1. 提出的问题可以不限于本手册中的问题 2. 教师应鼓励学生认真思考后再对问题进行回应 3. 对于开放性问题，教师可以和学生强调：答案没有对错之分，只要言之成理即可
教师总结／小结	语言	教师可参考"引导手册"的语言提示，带领学生做总结

— 山中田事（下）—

山中田事｜上

开学第一课
（2 课时）

一、教学目标

1. 通过课堂活动，学生了解本学期乡土课的主题为"山中田事"，复习《乡土开课辞》、音量规则、分享规则。

2. 通过遵守"轮流发言""举手表决"的合作学习约定，学生能组建新学期小组，完成选组长、定分工、起组名。

3. 通过小组讨论，全班投票，学生能选定 4 ~ 5 条具体、清晰的课堂约定。

二、教学重难点

1. 教学重点：学生能遵守合作学习约定，选组长、定分工和起组名。

2. 教学难点：各小组间能力水平相对均衡。

三、教学建议

教师在综合考虑学生的能力、性格、特长、性别等因素后进行分组：①每组有不同类型的学生，各有所长，即"组内异质"；②各组之间的水平相当，即"组间同质"；③每组 4 ~ 6 人为宜。在分组游戏后，教师结合实际情况对分组进行微调。

四、教学准备

1. 分组卡片：教师根据班级人数，准备分组卡片，在卡片上写"山""中""田""事""乡""土""课"等字，在分组环节，拿到相同字卡片的同学，即为一个小组。

2. 动作设计：可由教师课前编排简单的《乡土开课辞》动作[1]，也可由学生自主编创。

3. 教室布置：教师提前将班级桌椅布置成小组围坐的形式[2]。

五、教学内容

本次课共 5 个环节，分别是"走进乡土课""你好！我的小组""小组成员做介绍""课堂约定共制定""本节课总结"，课程时长 80 分钟（2 课时）。

环节一：走进乡土课（5 分钟）

（一）目标

通过本环节，学生复习《乡土开课辞》以及课堂音量规则。

（二）步骤

1. 教师引入：欢迎来到新学期的乡土课！从今天开始，我们就踏上了新的乡土之旅啦！大家还记得我们在一年级和二年级时分别开展了什么主题吗？哪些活动令你印象深刻？今天的"开学第一课"我们将创编新的《乡土开课辞》动作，复习课堂音量规则，形成新的学期小组并讨论确定新的课堂约定。我们从复习《乡土开课辞》开始吧！

2. 教师出示《乡土开课辞》。

3. 师生诵读《乡土开课辞》。

【提示】

①每次上乡土课，全体要齐读《乡土开课辞》。

②教师可简单阐释《乡土开课辞》大意，适当加入动作、节拍等。

③如果学生在二年级时，编排了《乡土开课辞》动作，教师也可以在本节课带学生重新编排动作。

4. 思考与互动：为了让学习更顺利，我们在不同环节分别使用哪几种不同的音量？

5. 教师介绍音量规则。

（1）"0"：无声（自主创作或倾听时）。

（2）"1"：小声，即耳语（两人小声交流时）。

（3）"2"：轻声细语，组内能听到（小组合作时）。

（4）"3"：声音洪亮，全班能听清楚（分享时）。

【提示】教师可以通过游戏的方式帮助学生回顾音量规则，例如"音量接力"游戏：将学生分成若干小组，每个小组成员需依次用不同的音量重复同一句话，或指定某种顺序做接力。游戏开始时，

---

1 《乡土开课辞》的动作编排可参考田字格公益官网"学习园地—课程资源"中的"乡土示范课"。

2 参见《吾乡吾土指导纲要》（孔学堂书局 2025 年版）第五章内容。

第一个成员用"0"音量说，下一个成员则用稍大的"1"音量，以此类推，直到小组中的每个成员都按顺序使用了不同的音量说完这句话。也可以让不同同学抽卡按卡上音量数说话，让其他同学猜猜他说话的音量值。

环节二：你好！我的小组（35分钟）

（一）目标

学生遵守"轮流发言""举手表决"的合作学习约定，选组长、定分工与起组名。

（二）步骤

1. 教师引入：同学们期待形成新的小组吗？大家还得我们之前是通过什么方式分组的吗？

2. 教师介绍任务和规则：找朋友。

（1）每人抽取一张小卡片。

（2）走动起来互相看看各自卡片上的内容。

（3）持有相同字的同学走到一起手拉手。

（4）音量为"2"，时长10分钟。

3. 教师组织学生领取小卡片。

4. 教师组织学生玩"找朋友"的游戏，组成新学期的学习小组。

5. 教师组织学生从每个小组拿出一张卡片放一起，用上面的字组成句子。

6. 教师总结：本学期我们的主题就是"山中田事"。"田事"最普遍的含义是指农民伯伯在田间开展的各种农事活动，比如耕种、灌溉、施肥、除草、收获等。我们生活在贵州大山中，所以这学期我们将学习山中的农事活动，即"山中田事"。

【提示】

①课前教师根据班级小组情况确定抽签的数量，如果是7个小组，可使用的卡片内容为"乡、土、课、山、中、田、事"；4个小组，用"山、中、田、事"即可；5个小组，可以使用"山、中、的、田、事"，教师根据实际情况调整。

②上课前，教师以小组形式摆放桌椅。等小组成立后，教师可以指定小组坐在哪个位置。如有些同学想要拿原来座位上的笔和本子，教师可以集中给学生2分钟，以"1"的音量拿东西。

③活动过程中，教师可增加趣味设置，比如学生伴随教师敲击的节奏动起来，节奏停，所有人立即静止，待节奏重新响起，学生行动继续。

④学生安静坐好后，教师对活动中学生的表现进行点评和鼓励，如遵守音量规则等方面。

7. 教师介绍组长和组员职责：组长是老师的小助手，负责协助老师和组员开展活动、维持纪律，帮助组员更好地完成任务，组员要配合组长一起完成小组任务。

8. 教师介绍任务和规则：组建小组"三步曲"（选组长、定分工、起组名）。

（1）参考"探索手册"指示，完成小组组建：小组讨论，确定组长；讨论小组分工；给小组起组名。

（2）音量为"2"，时长20分钟。

（3）遵守合作学习约定："轮流发言""举手表决"。

轮流发言	
该怎么做？	该怎么说？
从身高最高的同学开始，按顺时针每个人依次发言	①我想当……，因为…… ②我推荐……同学当……，因为……
举手表决	
该怎么做？	该怎么说？
举手投票，少数服从多数	①支持……同学当组长的请举手 ②支持……为组名的请举手

9. 教师组织示范：教师选择一个小组，带领该组组员，向全班同学示范"轮流发言""举手表决"。

10. 教师组织学生完成任务。

【提示】如有必要，教师可以和某一个小组做示范。建议教师保证每个小组中的每位同学都有分工，比如小组有6人，则可以安排组长、资料员、纪律员、检查员、安全员、记录员；小组有5人，可以安排组长、纪律员、检查员、安全员、记录员；小组有7人，则可以安排两位记录员。

11. 教师总结：活动结束，教师可以表扬做得好的小组，并提出1~2个优化建议，可参考语言：我观察到……小组在讨论过程中，做到了……运用了……的语言/方法达成共识。如果能……相信下一次会做得更好。

环节三：小组成员做介绍（20分钟）

（一）目标

学生能按照分享要求上台进行自我介绍。

（二）步骤

1. 教师引入：同学们还记得组建小组成功后，接下来要做什么吗？

2. 教师介绍任务和规则：小组亮相。

（1）分享者从讲台一边上台，另一边下台。

（2）分享小组站定，一起鞠躬后说："大家好，我们是……组"，接着组长说："我是组长某某"，最后组员说："我是组员某某，我的分工是……"；所有人介绍完毕后，小组成员一起说："谢谢大家"。

（3）分享音量为"3"，听众音量为"0"。

（4）每组分享完毕后，倾听者要及时把掌声送给分享者。

3. 教师组织小组依次上台分享。

【提示】

①分享环节，教师需引导台下学生注意倾听。

②各小组分享完毕，教师要及时找到每个小组的优点，给予肯定和鼓励。比如：声音洪亮、吐字清晰、遵守礼仪和规则等。

环节四：课堂约定共制定（15分钟）

（一）目标

通过小组讨论和全班讨论，学生共同制订本学期乡土课课堂约定。

（二）步骤

1. 教师引入：同学们还记得上学期我们有哪些课堂规则吗？本学期我们将讨论确定新的课堂约定。为什么从三年级开始使用课堂约定而不是课堂规则呢？因为从三年级起，需要大家一起讨论并确定这些规则，所以我们称之为课堂约定。

2. 教师介绍任务和规则：课堂约定共制订。

（1）小组选出认为应该成为课堂约定的 4～5 条内容。

（2）音量为"2"，时长 8 分钟。

3. 教师组织小组完成任务。

4. 教师组织小组代表分享。

5. 教师组织全班对选出的内容逐一举手投票、确定课堂约定。

【提示】

①教师将小组选出的课堂约定的序号记录在黑板上，方便学生投票。

②建议课堂约定不超过 5 条。

③根据实际需要，教师可对同学们投票确定的课堂约定进行微调或增补（比如，和学生约定违反"约定"的处理方法、收回注意力的口令等）。

环节五：本节课总结（5分钟）

1. 教师总结今日所学。

2. 教师布置作业：完成"探索手册"。

六、参考板书

今日主题：开学第一课　　　　　　　　　　　　日　期：　年　月　日

乡土开课辞　音量规则　"找朋友"

学期主题：山中田事

选组长→定分工→起组名

小组初亮相

课堂新约定

第 一 单 元
走进秋日山中田

一、单元设计思路

"走进秋日山中田"属于"山中田事"主题上学期的第一个单元。通过本单元的学习和体验，学生能对大山之中的"田"产生探究兴趣，认识山中田的特点。

本单元以"田是什么？""秋天的山中田有什么特点？""田的起源是什么？"为核心问题展开教学。在"走进山中观察田"这一课中，学生在教师的引导下前往户外，观察并描述秋天山中田的外部形态特征，对山中之"田"形成初步概念，并开始思考"山"与"田"的关系。在此基础上，在"山田身世浅探寻"一课中，学生通过学习"田"等字的起源和故事，探究"田"的起源，并在观察和对比中，学习影响田的形态的主要因素。在本单元最后一课"彩绘山中田"中，学生运用线条和色彩创作秋日山中田绘画。

二、单元跨学科设计

本单元涉及美术、科学、综合实践三门学科。

三、单元目标

（一）审美情趣

1. 结合观察体验和所学，学生能用线条和色彩描绘出一幅秋日山中田的画作，初步感受田之美。

2. 学生能从色彩运用、形状选择以及画面元素的多样性等角度欣赏他人的作品。

（二）自信分享

1. 学生能遵守分享规则，主动分享观察、感受、创作成果以及小组得出的结论等内容。

2. 学生能围绕既定主题，清晰、明了且较为流畅地分享内容。

（三）沟通合作

1. 学生能在小组讨论中遵守"轮流发言""专注倾听"的合作学习约定，培养"达成共识""做好记录"的意识。

2. 学生能在限定时间内开展组内合作，并尝试履行自己的职责。

（四）社会责任

学生能遵守并维护课堂约定，主动遵守户外课堂约定。

（五）乡土认同

学生能描述山中田的特点，能发现家乡田的美好与独特，产生对家乡的积极情感。

（六）乐学善学

1. 学生能积极参与课堂互动、小组讨论、自然观察、自主探究、艺术创作等不同类型的学习活动。

2. 学生能绘制四级主题的单元思维导图，梳理本单元所学。

3. 学生能填写"我的单元成长档案"，对本单元的学习表现进行自我评价和小组互评，总结自己和小组伙伴在各方面的成长变化。

四、单元课程目录

第1课　走进山中观察田（2课时）

第2课　山田身世浅探寻（2课时）

第3课　彩绘山中田（2课时）

五、相关概念

山：这里指贵州省以山地地形为主的自然环境及人文环境。

田：所有用于种植农作物的土地（不仅仅指水田），是人类依照地理环境特点改造自然的产物。

山中田：即"山田"，山间的田地。贵州位于云贵高原东部，山中田地有小而散的特点，土地零落分散在山间，少有平坝，田在山中，山中有田。

梯田：梯田是在丘陵山坡地上沿等高线方向修筑的条状台阶式或波浪式断面的农田，是治理坡耕地水土流失的有效措施，蓄水、保土、增产作用十分显著。

第 **1** 课 | **走进山中观察田** （2课时）

一、教学目标

1. 通过教师引导，学生能遵守户外课堂约定，有序完成户外观察任务，积极分享观察收获。

2. 通过户外体验和教师引导，学生能分别从远、近两个角度观察、描述秋日山中田的主要形态特征。

3. 通过户外观察活动，学生能认识、总结秋日山中田的特点。

二、教学重难点

1. 教学重点：学生能从不同角度观察并描述秋日山中田的形态特征。

2. 教学难点：学生能有序开展户外观察活动。

三、教学建议

1. 初次组织户外课堂的教师，务必花一些时间带学生学习户外课堂约定，并制订违反约定的处理方法。可以先带领学生在校内进行训练，使学生熟悉在户外的指令以及规则。

2. 在户外活动中，教师可以遵照先集中引导、再自由探索的顺序进行。

3. 在自由探索前，教师务必给学生划定明确的活动范围。

4. 回到教室后，教师对当次课的户外课堂约定遵守情况要及时总结反馈。

5. 如果开展校外教学存在困难，教师可以用图片、影像资料代替，或者通过布置作业，请学生利用放学后的时间自主观察。

四、教学准备

1. 活动场地：教师到户外踩点，选择视野开阔、平坦、安全的观察活动区域。

2. 教学支持：教师可邀请1名助教老师参与户外活动，协助维持纪律。

3. 视频 / 图像：当地田的远景和细节的视频 / 图像[1]。

五、教学内容

本次课共 4 个环节，分别是"上节课回顾""走进山中观察田""山田观感共分享""本节课总结"，课程时长 80 分钟（2 课时）。

环节一：上节课回顾（5分钟）

1. 齐诵《乡土开课辞》。

2. 教师组织学生回顾课堂约定、户外课堂约定。

3. 教师组织学生回顾上节课主要内容。

环节二：走进山中观察田（35分钟）

（一）目标

通过户外观察活动，学生能调动感官，从远、近两个角度观察并描述山中田的总体形态特征与局部细节，并思考背后的原因。

（二）步骤

1. 教师引入：你观察过我们身边的田吗？现在这个季节，我们观察田会有什么收获呢？今天，就让我们一起走进秋天的田，开启"走进秋日山中田"单元吧！

2. 教师介绍任务和规则：走进山中观察田。

（1）熟悉"探索手册"中的"山中田观察指南"。

（2）以小组为单位外出观察田。

（3）遵守合作学习约定："多方求助""积极助人"。

多方求助	
该怎么做？	**该怎么说？**
按求助顺序求助：工具书→组员→组长→其他小组→老师	①我不会写……你可以帮帮我吗？ ②谢谢你的帮助
积极助人	
该怎么做？	**该怎么说？**
发现他人有困难 / 他人求助时，主动提供帮助	①你需要帮忙吗？ ②我来帮你

3. 教师组织示范：教师选择一个小组，带领该组组长和组员，向全班同学示范该如何"多方求助""积极助人"。

---

1 教师可自行拍摄或从网络搜索关键词获得。

4. 教师组织学生熟悉"探索手册"的内容。

5. 思考与互动：在户外观察的过程中，我们要注意什么？

6. 教师组织学生回顾户外课堂约定及违反约定的处罚办法。

户外课堂约定：不远跑，爱花草；有问题，找老师；排好队，看脚下；点人数，及时报；低声走，听指挥。

处罚办法：若个别同学违反约定，先提醒；每提醒1次，该同学暂停活动3~5分钟；若一位同学被暂停超过3次，则取消其下次外出机会；若班级整体秩序差，则暂停本次户外课或取消下次户外课。

7. 教师组织学生带好"探索手册"、笔，排好队有序到达观察地点。

【教师引导参考】

①整体观察：从远处看，田是什么形状？它们的形状都一样吗？轮廓线条是怎样的？它们一层层叠在一起，让你联想到什么？田里都有什么颜色？

②细节观察：选择一块田，仔细观察近处细节，你有什么发现？比如是否有石墙、田埂、水渠等。

③教师根据所观察田的情况进行提问，如田边的石头是怎么来的？为什么要砌石墙？水渠通向哪里？作用是什么？

④最后，教师可以问一问学生"观察完秋天的田，你有什么感受？"

⑤其他：在观察时，先请学生在附近（能听到老师说话的地方）找一个自己舒服的位置，安静地站着或坐下来，跟随教师的引导语观察；当学生进入状态，再在安全区域内以小组或个人为单位开展自由探索，边观察边完成"探索手册"，请组长、安全员、纪律员认真履行职责。

8. 教师组织小组有序回到教室。

环节三：山田观感共分享（35分钟）

（一）目标

通过教师引导、分享与思考，学生能用自己的语言描述田的特点。

（二）步骤

1. 教师组织学生分享观察发现。

【提示】

①教师根据学生人数、课程时间及现场环境情况，可以选择在田间围成圈进行（节省时间），或返回教室进行（更有利于保持学生注意力）。

②教师请学生用2~3句完整的语句进行表达和分享（从远处看，田是……；从近处看，我发现……）。

2. 教师示范分享：从远处看，田层层叠叠，有的是深绿色，有的是浅绿色，有的绿中泛黄，还有的是金黄色。从近处看，我发现大部分田的形状都是不一样的。

3. 教师出示：山中田的远景或细节的图像、视频。

4. 思考与互动。

（1）田的形状：田是什么形状？为什么是层层叠叠的？为什么每块田都很小、形状各异？

（2）石墙：田边为什么要砌石头？石头从哪里来？

（3）灌溉设施（水渠等）：水渠通向哪里？为什么要建水渠？

（4）田埂：田埂是怎么来的？为什么要建田埂？

（5）田里农作物：田里一般有哪些农作物？

（6）农民伯伯在这个季节都在田里忙着什么活儿呢？

【提示】教师引导学生用完整的语句表达，言之有理即可。引导时，教师可以向学生解释：农作物是具有一定经济价值而由人类栽培的植物，比如田里的蔬菜和粮食、山坡上的橘子等。

5. 教师总结：贵州是多山地区，受地形影响，这里的田多为梯田，一层接着一层，形状各异。山中田地面积普遍不大，分散在山中各处，既有适宜水稻生长的水田，也有种植其他作物的旱地。秋天的田里有许多农作物，比如水稻、牛皮菜、葱、豆角、南瓜、柑橘等。秋天，农民们有的在除草，有的在施肥，他们都在为丰收做着最后的准备。

环节四：本节课总结（5分钟）

1. 教师总结今日所学。

2. 教师布置作业：完成"探索手册"。

六、参考板书

今日主题：走进山中观察田　　　　　　日　期：　年　月　日

观察田：整体观察　细节观察

山中田：小、散、梯田、形状各异

水田、旱地

第**2**课 | 山田身世浅探寻
（2课时）

一、教学目标

1. 通过小组探究和阅读，结合字源和历史小故事，学生能说出"田"的起源。

2. 通过观察、教师讲解，学生能认识山和田的关系，以及地形、气候对田的形态的影响。

3. 学生能结合所学，发挥想象，创作一篇"山中造田记"主题故事。

二、教学重难点

1. 教学重点：学生能说出田的形态与地形、气候等因素的关系，以及山与田的关系。

2. 教学难点：学生发挥想象，创作"山中造田记"主题故事。

三、教学建议

1. 学生通过自主观察，对田的形态有基本的概念把握，再结合当地田的特点，猜测可能影响这些特点的因素，最后由教师总结归纳。

2. 组织学生创作时，若学生不会写，教师可示范。

3. 教师提前了解本地田的形态。

四、教学准备

范文：教师准备一篇"山中造田记"主题故事范文。

五、教学内容

本次课共5个环节，分别是"上节课回顾""田的起源初探""田的形态猜想""编创《山中造田记》""本节课总结"，课程时长80分钟（2课时）。

环节一：上节课回顾（5分钟）

1. 齐诵《乡土开课辞》。

2. 教师组织学生回顾课堂约定。

3. 教师组织学生回顾上节课主要内容。

环节二：田的起源初探（15分钟）

（一）目标

通过探究字源、阅读和教师讲解，学生认识田的起源。

（二）步骤

1. 教师引入：同学们，上次课我们一起走出教室观察了农作物生长的田地，大家有没有想过，这些田是怎么来的？这节课，让我们一起探索"田"的来源，揭开它背后的秘密。

2. 教师介绍任务和规则：探究"田"之源。

（1）请观察"探索手册"中的四个字的字源介绍。

（2）根据字源，猜想"田"是怎么来的，然后在小组内交流。

（4）组长、纪律员、记录员认真履行各自职责。

（5）音量为"2"，时长5分钟。

（6）遵守合作学习约定："轮流发言""专注倾听"。

轮流发言	
该怎么做？	**该怎么说？**
每个人依次发言	①从"农"的字源上，我认为…… ②轮到你说了
专注倾听	
该怎么做？	**该怎么说？**
①看着发言的人，微笑或点头表示听懂 ②不打断别人的发言	—（保持音量为"0"）

3. 教师介绍："源"即原点，起源。"田之源"，即田是怎么来的；"字源"，即汉字的起源和演变。

4. 教师组织学生讨论"田"是怎么来的。

5. 教师组织小组代表分享本组结论。

6. 教师总结：从字源上看，古人焚烧山林用作耕地，使用耒和镰刀等工具，开垦土地，逐渐形成田。

【提示】从"田"字字源上看，土地上画出横纵交错的多个方格，表示阡（竖线，代表纵向田埂）、陌（横线，代表横向田埂）纵横的田。

从"农"字字源上看，古代森林遍野，若要进行农耕，必先伐木开荒，故从"林"，古人手拿工具开垦土地。

从"焚"字字源上看，古人焚烧山林用作耕地。

从"耕"字字源上看，古人使用耒（lěi）等工具，开垦田。

7. 思考与互动：你听过《神农教民播百谷》和《后稷教民稼穑》的故事吗？

【提示】稼穑：种植与收割，泛指农业劳动。稼：种植五谷；穑：收获谷物。

8. 教师介绍任务和规则：传说中的田的起源。

（1）自主阅读"探索手册"中对应内容。

（2）想一想田是哪里来的呢？

（3）音量为"1"，时长10分钟。

9. 教师组织学生完成自主阅读的任务。

10. 教师组织小组代表分享本组结论。

11. 教师总结：通过阅读《神农教民播百谷》和《后稷教民稼穑》的传说故事，我们了解到，人类由采集狩猎进入到农耕时代后，就开始有了田。

环节三：田的形态猜想（20分钟）

（一）目标

通过自主观察、教师讲解，学生能明晰田的形态与地形、气候等因素密切相关。

（二）步骤

1. 教师引入：同学们，你们知道吗，中国是一个地域非常广阔的国家，南北方因为气候、地形等自然条件的不同，田也是不同的。

2. 教师出示：南北方地区田的图片。

3. 思考与互动：请仔细观察这些田，找找它们有什么不同？

4. 教师总结：中国地域辽阔，由于南北方地形和气候的差异，形成了形态各异的田。

【参考】

①种植物农作物的种类

北方：以小麦、大豆等耐寒耐旱的作物为主。

南方：以水稻为主，还有油菜、茶叶、桑树、甘蔗等喜湿喜温的农作物等。

②田的类型

北方：多为旱地。

南方：多为水田和梯田。

③田的地形

北方：平原广阔，农田连片，适合大规模机械化耕作。

南方：多山地和丘陵，地形起伏较大，田块较小，主要分布在山坡和山谷中，人力耕作依然普遍。

5. 教师介绍任务和规则：田的形态猜想。

（1）小组讨论"探索手册"中"学习驿站"的问题。

①在我们家乡，你见过哪几种田？

②结合你看到的田的具体情况，猜想一下，田的形态可能和什么因素有关？

（2）请记录员做好记录。

（3）音量为"2"，时长 10 分钟。

（4）遵守合作学习约定："达成共识"。

达成共识	
该怎么做？	**该怎么说？**
①组长要让每个人都能表达意见 ②观点要提供理由 ③先讨论，后投票 ④记录员及时记录结论	①对于这个问题，你怎么想？ ②我的观点是……因为…… ③我同意／不同意……的观点，因为…… ④我们组的结论是……

6. 教师组织学生开展小组讨论。

【提示】讨论过程中，教师应巡堂观察小组讨论进度、遵守合作约定情况，适时介入。等讨论结束，教师可以重点表扬做得好的小组，并提出 1～2 条优化建议。

【教师引导参考】

我观察到……小组在讨论过程中，做到了……运用了……的语言或方法达成共识。如果能……相信下一次会做得更好。

7. 教师组织 2～3 个小组代表分享讨论结果。

8. 教师总结：田的形态与地形、气候等因素密不可分。

【参考】

我们家乡有很多梯田和水田，也有一些旱地。

从地理位置来说，贵州位于中国西南方，多为山地和丘陵，所谓"地无三尺平"。农人世代在山地上开垦土地，因而形成了梯田。但由于贵州属于喀斯特地貌，许多山地的土层非常浅且坡度较高，不适合开垦为集中连片的农田，所以田地面积小且分散。

贵州气候温暖湿润，冬无严寒、夏无酷暑。降水较多，雨季明显，阴天多，日照少，常年相对湿度在 70% 以上。因此，贵州的田多为水田，适合种植水稻等农作物。

环节四：编创《山中造田记》（35分钟）

（一）目标

结合前期所学字源、故事、本地田的类型和成因，学生发挥想象力，编创简单的《山中造田记》。

（二）步骤

1. 教师引入：我们家乡有梯田、水田、旱地，请你结合字源、《神农教民播百谷》和《后稷教民稼穑》的故事，以"田"为主题，编创《山中造田记》。

2. 教师介绍任务和规则：编创《山中造田记》。

（1）我们家乡的梯田（或水田、旱地）是怎么来的？请结合所学，发挥想象力，为家乡田的由来编个故事。

（2）结合"探索手册"中"创作乐园"的提示，构思故事。

（3）故事包括时间、地点、人物、事件。

（4）先和旁边的同学两人结对，轮流说说你编创的内容，最后尝试写下来。

（5）音量为"2"，时长15分钟。

3. 教师组织学生构思、分享故事。

【提示】若班级人数为奇数，教师可适当调整结对人数，防止个别学生落单。在活动中，教师帮助合理安排时间，比如前3分钟自主构思，然后开始轮流发言，每人2分钟时间。

4. 教师组织1～2名学生自愿向全班分享编创的故事。

环节五：本节课总结（5分钟）

1. 教师总结今日所学。

2. 教师布置作业：完成"探索手册"。

六、参考板书

今日主题：山田身世浅探寻　　　　　　　　日　期：　年　月　日

田之源：田是怎么来的

字　源："田""农""焚""耕"

神农教民播百谷　　后稷教民稼穑

田的形态与地形、气候等因素密不可分

第**3**课 | 彩绘山中田
（2课时）

一、教学目标

1. 通过教师引导，结合观察、学习内容，学生能创作"山中田"主题绘画，感受田的生机与美丽。

2. 通过教师引导，学生能够从色彩、形状、画面元素等方面欣赏他人作品。

3. 通过教师引导，学生能够绘制四级主题的单元思维导图，梳理、总结本单元所学。

4. 通过使用"我的单元成长档案"，学生能对自己和同组伙伴的学习表现进行评价和反思。

二、教学重难点

学生能用线条、色彩创作山中田的绘画，初步感受田的生机与美丽。

三、教学建议

1. 教师可引导学生充分欣赏示范画。

2. 教师可以提醒学生在创作时回忆当地田的特点。

四、教学准备

1. 工具：彩笔，每组 1～2 盒。

2. 示范画：以"山田画"为主题的儿童画示范[1]。

五、教学内容

本次课共 5 个环节，分别是"上节课回顾""彩绘山中田""'山中田'欣赏会""绘制单元思

1　网络搜索关键词"山　田　儿童画"可获取。

维导图""我的单元成长档案",课程时长80分钟（2课时）。

环节一：上节课回顾（5分钟）

1. 齐诵《乡土开课辞》。

2. 教师组织学生回顾课堂约定。

3. 教师组织学生回顾上节课主要内容。

环节二：彩绘山中田（25分钟）

（一）目标

学生结合前期观察和学习经验，用线条和色彩创意表达山中田。

（二）步骤

1. 教师引入：山中的田，有着各种各样的颜色。它们被群山环抱，有时候远处的云雾缭绕，就像仙境一样。请你想象一下站在山顶、俯瞰山田的场景，你看到了什么？是层层叠叠的梯田，还是蜿蜒的小路？是忙碌的农人，还是悠闲吃草的小牛？是一片金黄还是满眼碧绿？接下来，让我们拿起画笔，把这些美丽的景象画下来吧!

2. 教师发布任务：彩绘山中田。

（1）结合外出观察和所学，用画笔描绘家乡秋天的田。

（2）可以画一块田，也可以画大片的田。

（3）先用铅笔起稿，再用黑色彩笔勾边，最后涂上相应的颜色。

（4）音量为"1"，时长20分钟。

3. 教师出示：以"山田画"为主题的儿童画示范。

【教师引导参考】

①田和田之间用什么分开？（田埂、小河）

②你打算怎么画田埂和小河？

③秋天的田是什么颜色的？田里有什么？

④站在田中看向远方，你看到了什么？（山、树、云、太阳、天空等）

⑤你如何展现多姿多彩的田？

4. 教师组织学生领取绘画工具并完成绘画任务。

【提示】

①可邀请美术老师指导学生绘画。

②会画画的教师，可以带着学生一起画。

③不会画的教师可以进行如下引导：秋天的田有什么特点？它的形状是怎么样的？每一块田的颜

色一样吗?

④可参考"探索手册"上的示范画。

5. 教师邀请学生代表上台分享作品。

6. 教师总结:同学们笔下的山中田真是多姿多彩、各不相同,但都非常漂亮。

环节三:"山中田"欣赏会(10分钟)

（一）目标

学生可以从色彩运用、形状的选择以及画面元素的丰富性等方面来欣赏他人作品。

（二）步骤

1. 教师引入:同学们已经画出了美丽的家乡田野,接下来,让我们将这些描绘山中田之美的作品展示出来吧!

【提示】教师将学生作品搜集起来,集中摆放在较为宽阔的地方,比如讲台或者教室中间,便于学生走动起来欣赏他人画作。

2. 教师介绍任务和规则:"山中田"欣赏会。

（1）有序走动,欣赏作品。

（2）可以从色彩运用、形状多样性以及画面元素的丰富性等方面来欣赏他人作品。

（3）音量为"1",时长 8 分钟。

3. 教师组织学生走动起来欣赏作品并进行点评。

4. 教师示范点评:我发现第 4 幅作品中田的色彩很丰富,而且色彩搭配得很漂亮。

【提示】教师可根据时间确定点评的人数。

5. 教师总结:同学们观察到的田真是五彩缤纷、各具特色。那么,山中田是否每个季节都保持不变呢?也许到了春天,我们再次观察时会有新的发现。

环节四:绘制单元思维导图(20分钟)

（一）目标

在教师示范下,学生能按要求绘制四级主题的单元思维导图,回顾并整理本单元的所学内容。

（二）步骤

1. 教师引入:本单元的学习已经接近尾声。请大家回顾一下,我们都开展了哪些活动?你学到了什么?在一二年级时,我们使用了一种工具叫做"气泡图"。三年级,我们将引入一种新的工具——"思维导图",帮助大家更有效地整理和回顾所学内容。

2. 教师介绍:思维导图是一种用于组织和展示信息的图形工具,它能帮助人们以视觉化的方式理解和记忆。

3. 教师出示：不同类型的思维导图。

4. 思考与互动：仔细观察不同的思维导图，你发现了什么？

5. 教师总结思维导图的画法和注意事项。

【画法】

①思维导图的核心有一个中心主题，也就是一级主题，可以使用圆圈或方框将其围绕。

②围绕中心主题，有主要的分支，每条分支上写着关键信息，形成了二级主题。

③在每条分支下，有若干分支，依然写有关键词或者短语，形成了三级主题。

④根据内容需要，继续添加分支，直到思维导图完整、清晰，即为四级主题。

【注意事项】

①为了增强记忆和区分不同的概念，可以使用不同的颜色和图像来标记分支，需要注意的是，同一层级主题需要使用同样的颜色。

②从中心主题延伸出来的线条像树的主干至分支一样，由粗到细。

③为了增强记忆，可以使用绘画代替关键词或短语。

6. 教师介绍任务和规则：绘制思维导图。

（1）围绕本单元主题绘制单元思维导图。

（2）思维导图包含四级主题内容，要尽可能详细、图文并茂。

（3）音量为"1"，时长15分钟。

7. 教师组织学生绘制思维导图。

【提示】

①在绘制思维导图时，教师请学生翻看"探索手册"，回忆每课具体所学。

②对于能力较强的学生，教师可以鼓励他们尝试自行绘制。

③教师可以在黑板上画出思维导图基本框架,然后让学生在"探索手册"上完善,比如为分支涂色等。教师可以参考电子课件中的"思维导图"。

环节五：我的单元成长档案（20分钟）

（一）目标

学生能有序填写"我的单元成长档案"，完成自我评价和小组互评。

（二）步骤

1. 教师引入：这个单元的学习到这里就结束了，我们表现得怎么样呢？接下来一起来给自己和小组成员评一评吧！

2. 教师介绍"我的单元成长档案"。

（1）小组互评：小组成员互相进行评价。

（2）自我评价：由学生对自己的表现进行评价。

（3）教师评价：教师对学生表现进行评价。

3. 教师组织学生完成"探索手册"中"我的单元成长档案"填写。

（1）小组互评

填写方式：学生在表格上方填写"我的姓名、我的分工"；按左手方向传递"探索手册"，依次轮流进行互评；完全做到填"○"，没有做到填"？"，部分做到填"△"；拿回自己的"探索手册"后，找一找自己做得好的、有待改进的分别是哪几条。

小组讨论：本单元，我们小组做得好的、需要改进的分别是什么？

小组代表汇报本组讨论结果：经过讨论，我们认为小组做得好的是……可以做得更好的是……

教师对小组的合作学习情况进行总结性点评。

（2）自我评价：学生自行阅读自我评价表并写下相应的分数。

（3）教师评价：教师可在课后收回"探索手册"进行评价。

填写方式：在"教师评价"的方框内画上符号（打勾、画星星或表情、盖印章等），并在下方横线处填写评语。

【提示】教师巡场计时，观察学生小组互评进度与合作情况，适时适度介入；对学生做得好的地方进行具体鼓励，并明确指出可以做得更好的地方（不宜太多，可以挑选 1～2 条作为重点改进目标）。考虑到课程时长，教师可以找另外的时间带学生完成"我的单元成长档案"。

六、参考板书

今日主题：彩绘山中田　　　　　　　　　日　期：　　年　月　日

画画山中田：铅笔起稿→黑笔勾边→最后涂色

秋天的田真是五彩缤纷、各具特色

七、思维导图内容框架

本思维导图仅展示了单元内容框架，教师带领学生绘制思维导图时，可参考电子课件中的思维导图范例。

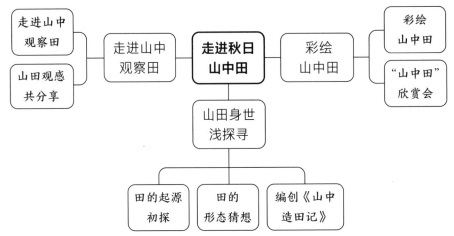

第 二 单 元
农作物生长探秘

一、单元设计思路

"农作物生长探秘"属于"山中田事"主题上学期中的第二个单元。在这个单元中,我们将深入探索田中最直观且核心的部分——农作物。它们不仅是田的核心,也是农人从事田事的主要对象。本单元将围绕农作物展开,学生将探究种子的奥秘,体验播种的乐趣,了解农作物从发芽到成熟的生命历程。同时,学生也将了解农人在种植农作物过程中面临的挑战和艰辛,以及他们如何巧妙地利用田来滋养农作物。

二、单元跨学科设计

本单元涉及语文、科学、艺术、劳动教育四门学科。

三、单元目标

(一)勇于探究

1. 在好奇心的驱使下,学生能围绕"种子""土壤"等提出感兴趣的问题,并通过各种方式进行探究。

2. 围绕"种子""土壤"等内容,在教师引导下,学生能运用感官和恰当的工具观察、实验得出结论,并用比较准确的词汇描述。

(二)沟通合作

1. 在小组讨论中,学生遵守"轮流发言""专注倾听""分工明确""做好记录""达成共识"等合作学习约定,有序开展小组任务。

2. 学生能在限定时间内开展组内合作,并尝试履行自己的职责。

（三）审美情趣

学生能掌握设计手抄报的基本要素（标题、内容、插图、色彩搭配），绘制一幅既体现所学知识又搭配美观的手抄报。

（四）自信分享

1. 学生能围绕既定主题，清晰、明了、流畅地分享内容，同时尝试注重内容细节。

2. 学生能遵守分享规则，主动分享观察、感受、创作成果以及小组得出的结论等内容。

（五）乡土认同

学生能辨别当地常见农作物，知道其生长过程，理解农作物的生长离不开田的滋养与农人的辛劳。

（六）乐学善学

1. 学生能积极参与课堂互动、小组讨论、自然观察、自主探究、艺术创作等不同形式的学习活动。

2. 学生能运用"农作物观察记录表"观察并记录农作物生长情况。

3. 学生能绘制四级主题的单元思维导图，总结本单元所学。

4. 学生能填写"我的单元成长档案"进行自我评价和小组互评，树立反思和改进的意识。

四、单元课程目录

第4课　认识农作物种子（2课时）

第5课　播种初体验（2课时）

第6课　探寻农作物成长之旅（2课时）

第7课　揭秘农作物生长密码（2课时）

第8课　绘制农作物手抄报（2课时）

五、相关概念

农人：通常指的是从事农业活动的人，也就是农民（为了让课程更加贴近学生，我们有时会用"农民伯伯"来称呼辛勤耕作的农民）。

农作物：人类栽培的具有一定经济价值的植物，包括粮食作物、经济作物等。农作物与人类生存互相依赖，可食用的农作物是人类基本的食物来源之一。

第4课 | 认识农作物种子（2课时）

一、教学目标

1. 通过五感观察法，学生能描述农作物种子的基本特征，如形状、大小、颜色、质地等。

2. 通过教师示范，结合自己的思考，学生能提出关于农作物种子的问题。

3. 通过课堂观察和阅读，学生能说出农作物种子的2～3点秘密。

二、教学重难点

1. 教学重点：学生能掌握观察种子的方法，能描述常见农作物种子的基本特征。

2. 教学难点：学生能较为深入地了解农作物种子的秘密。

三、教学建议

1. 教师提供农作物种子实物，让学生直接观察种子结构。

2. 教师组织学生阅读时，如果学生自主阅读有困难，可以带着学生一起阅读。

四、教学准备

1. 种子：适合当季种植的种子，比如小白菜、菠菜、油菜、萝卜、胡萝卜、小麦、蚕豆、豌豆等。可由学生准备，也可以由教师准备。

2. 准备工作：如果选择蚕豆或豌豆种子作为观察对象，教师需提前一天浸泡，方便学生剥去种皮。如没有豌豆或蚕豆，教师也可以选择当地常见的玉米种子作为观察对象。

五、教学内容

本次课共4个环节，分别是"上节课回顾""观察农作物种子""探秘农作物种子""本节课总结"，课程时长80分钟（2课时）。

环节一：上节课回顾（5分钟）

1. 齐诵《乡土开课辞》。

2. 教师组织学生回顾课堂约定。

3. 教师组织学生回顾上节课主要内容。

环节二：观察农作物种子（35分钟）

（一）目标

学生掌握观察种子的方法，能描述常见农作物种子的基本特征，如形状、大小、颜色、质地和味道等。

（二）步骤

1. 教师引入：上次课，我们观察到田里有很多农作物，比如水稻、玉米、大豆、辣椒、茄子……这些农作物大多数都是由种子发育而来。这节课，我们开启"农作物生长探秘"单元，让我们先来认识农作物的种子，看一看它们有什么秘密吧！

2. 教师出示：适合当季种的农作物种子图片。

3. 思考与互动：你知道它们都是什么农作物的种子吗？

4. 教师小结：这些分别是小白菜、菠菜、油菜、豌豆、蚕豆、胡萝卜的种子。你观察过这些种子吗？现在，我们一起来观察它们吧！

5. 教师介绍任务和规则：观察农作物的种子。

（1）观察农作物种子，在"探索手册"上做好记录。

（2）可以看一看种子的形状、颜色和大小。

（3）可以摸一摸种子，感受种子的质地和光滑程度。

（4）可以闻一闻，种子有没有什么味道。

（5）如果发现了种子的特别之处，可以记录下来。

（6）音量为"2"，时长20分钟。

6. 教师组织小组观察。

【提示】教师根据当地适合播种的农作物情况准备种子（4～5种），每个小组观察一种或者多种。教师请资料员领取种子，并特别强调在闻种子味道时不要使劲儿吸气，可用手轻扇，让味道飘进鼻孔，以防种子被吸入口或鼻腔中。

7. 教师组织小组代表分享观察内容。

8. 教师总结：不同种子的大小、形状和颜色都各不相同。有的种子表面非常光滑，有的表面却有小绒毛；有的非常坚硬，有的比较柔软；有些还有特殊的味道。

9. 思考与互动：你还见过哪些农作物的种子，能描述一下吗？

环节三：探秘农作物种子（35分钟）

（一）目标

学生能提出关于农作物种子的问题，并通过观察和阅读，探究农作物种子的秘密。

（二）步骤

1. 教师引入：关于种子，你有什么好奇的问题吗？比如：我很好奇为什么每类种子都不一样？

2. 教师组织学生思考并分享问题。

【提示】教师鼓励学生提出各种问题，并在"探索手册"中做好记录。

3. 教师小结：同学们提出了各种有趣的问题，接下来，我们一起尝试解答同学们的疑问。

4. 教师介绍任务和规则：观察种子结构。

（1）资料员领取一颗经过浸泡的种子，轻轻地剥开种子的种皮。

（2）请观察这颗种子包括了哪几个部分。

（3）音量为"2"，时长5分钟。

5. 教师组织小组代表分享。

6. 教师总结：我们观察到种子的结构包括：种皮和胚（或种皮、胚和胚乳）。种皮一般用来保护种子，胚是种子的关键部分，会发育为农作物的根、茎、叶等。

【提示】请教师结合具体观察的种子情况进行总结。

7. 教师出示：课件中的种子结构图。

8. 教师小结：大多数农作物种子结构类似。

9. 思考与互动：农作物种子里还有什么秘密呢？

10. 教师组织学生阅读"探索手册"中"农作物种子的秘密"。

【提示】教师根据班级学生阅读进度控制时间，比如10分钟。在学生完成阅读并填写内容后，教师可以进行询问"通过阅读，你的问题得到解答了吗？关于农作物种子，你又知道了什么呢？"

11. 教师总结：农作物也是植物，它们的种子和大部分的植物种子一样，拥有相似的特点和秘密。

【提示】如果本节课没有解答学生提出的关于农作物种子的问题，教师可在课后查找资料或请学生自主查资料。

环节四：本节课总结（5分钟）

1. 教师总结今日所学。

2. 教师布置作业：完成"探索手册"。

六、参考板书

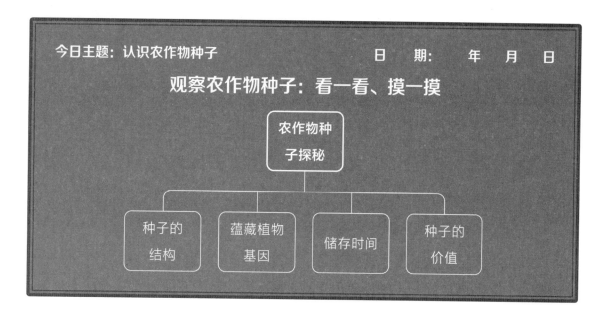

第 5 课 | 播种初体验 （2 课时）

一、教学目标

1. 通过小组合作完成播种任务，学生学习如何在小组内分工合作、表达观点、倾听意见。

2. 通过播种体验，并结合自己的思考，学生能用语言表达在播种活动的发现和感受，并用文字记录下来。

3. 通过教师引导，学生能使用"农作物观察记录表"，定期记录对农作物生长状况的观察。

二、教学重难点

1. 教学重点：小组分工，有序完成农作物播种任务。

2. 教学难点：学生的文章体现出良好的逻辑连贯性，并且能够描绘活动的细节。

三、教学建议

1. 教师先组织学生说一说对活动的发现、体验，再写下来。

2. 教师在学生正式书写之前，提供内容建议。

四、教学准备

1. 种子：适合本季节播种的农作物种子，如小白菜、油菜、萝卜、蚕豆、豌豆等。

2. 播种场地：若本校没有合适的田，教师可以找木板箱、塑料瓶、泡沫箱、食品罐等代替。

3. 工具：小锄头或小铲子，每组 1 把；麻绳、颜料、画笔刷，教师视具体情况而定；标签纸或硬卡纸，每组 2 ~ 3 张。

五、教学内容

本次课共5个环节，分别是"上节课回顾""讨论播种分工""播种分享与记录""农作物观察记录""本节课总结"，课程时长80分钟（2课时）。

环节一：上节课回顾（5分钟）

1. 齐诵《乡土开课辞》。

2. 教师组织学生回顾课堂约定、户外课堂约定。

3. 教师组织学生回顾上节课主要内容。

环节二：讨论播种分工（35分钟）

（一）目标

学生学习如何在小组内分配任务、倾听意见、表达观点，合作完成播种任务。

（二）步骤

1. 教师引入：上节课，我们一起探索了农作物种子的奥秘，了解了它们是如何携带遗传物质，等待合适的时机破土而出。这节课，我们要将这些农作物种子播种到土壤中。大家肯定期待看到自己亲手种植的种子发芽、生长，最终长成绿油油的植物吧！这节课，我们将开启播种之旅。

2. 教师介绍工具和物资。

【提示】教师向同学们介绍准备的各种工具和物资，以及它们的用途和使用方法。教师在介绍的时候，可以提问：这些工具和物资是分别用来做什么的？

3. 教师分发工具和物资。

4. 思考与互动：我们要完成播种任务，都要做哪些小任务呢？

5. 教师小结：我们需要准备土和水，还要浇水、播种，制作农作物标识牌，美化"花盆"等。

6. 教师介绍每项小任务的具体要求。

【参考】

①教师可以指定学生取土地点并说明注意事项，比如需要把土弄得碎一些。

②教师讲解播种的注意事项，比如种几颗、覆盖土的深度、浇水量等等，如果教师不了解，可以请教当地农人。

③教师讲解制作标识牌：包括注明农作物名称、播种时间、播种人，以及做其他美化等。

④如果有美化"花盆"小任务，教师可以讲解美化工具的使用方法和安全注意事项。

7. 教师介绍任务和规则：讨论播种分工。

（1）在组长的带领下，小组讨论播种分工，合理安排每个人的任务。

（2）将小组分工记录在"探索手册"上。

（3）音量为"2"，时长5分钟。

（4）遵守合作学习约定："轮流发言""专注倾听"。

轮流发言	
该怎么做？	该怎么说？
一次只有一个人发言	组长：我可以做标识牌 组员：我可以和……同学一起做美化
专注倾听	
该怎么做？	该怎么说？
①看着发言的人，微笑或点头表示听懂 ②不打断别人的发言	—（保持音量为"0"）

8. 教师组织示范：教师选择一个小组，带领该组组长和组员，向全班同学示范该如何"轮流发言""专注倾听"。

9. 教师组织小组讨论并开展播种行动。

【提示】教师可以选择在操场等开阔场地开展活动；教师需要预留播种后学生清理活动场地和洗手的时间；活动结束后，师生对刚才小组成员在活动中的表现进行总结。有条件的学校，教师可帮助学生塑封农作物标识牌。

环节三：播种分享与记录（25分钟）

（一）目标

学生能用语言表达在此次播种活动中的发现、体验、期待等，并用文字记录下来。

（二）步骤

1. 教师引入：今天我们一起进行了一次特别的活动——播种。在本次活动中，你负责什么任务？你有什么发现和感受？你对小种子们有什么期待吗？你希望自己和小组其他伙伴如何照顾它们？一起来分享吧！

2. 教师组织学生分享。

【提示】教师可以组织全班学生围成圈，进行分享。教师也可以请小组代表分享，或者组织学生小组内分享。

3. 教师总结：看来同学们都对本次活动印象深刻。接下来，大家把这些内容写下来吧！

4. 教师介绍任务和规则：写一写。

（1）用文字记录本次活动，题目可以叫作"我的播种体验"。

（2）可以记录播种的农作物、小组分工、个人发现、体验与期待等。

（3）字数不少于250字。

（4）音量为"1"，时间 15 分钟。

5. 教师组织学生完成任务。

环节四：农作物观察记录（10分钟）

（一）目标

学生学会使用"农作物观察记录表"，以便日后定期观察和记录农作物生长状况。

（二）步骤

1. 教师引入：你对小种子有什么期待吗？你对如何照顾它们有什么建议吗？

2. 教师组织：学生分享或各小组讨论。

3. 教师总结：老师希望大家都能细心照顾这些农作物。给它们浇水、晒太阳、陪它们说说话。同时，还要定期填写"农作物观察记录表"，记录下它们成长的每一个小变化，看看它们是怎么一天天长大的。

4. 教师介绍如何填写"探索手册"中的附件"农作物观察记录表"。

5. 教师组织学生填写"农作物观察记录表"。

环节五：本节课总结（5分钟）

1. 教师总结今日所学。

2. 教师布置作业：完成"探索手册"。

六、参考板书

今日主题：播种初体验　　　　　　　　日　期：　年　月　日

播种小任务：准备土、播种、浇水、制作农作物标识牌
《我的播种体验》
"农作物观察记录表"

第6课 | 探寻农作物生长之旅（2课时）

一、教学目标

1. 通过教师引导、阅读绘本，学生能说出水稻生长的主要阶段、各阶段的主要特点。

2. 通过给三种以上当地常见农作物生长阶段排序和画一画农作物生长过程，学生能描述农作物的主要生长过程。

二、教学重难点

学生掌握农作物的主要生长过程。

三、教学建议

教师可以将学生熟悉的水稻的生长过程作为引入，然后通过给农作物生长过程的排序任务，加深学生对农作物生长过程的理解与记忆。

四、教学准备

1. 工具：彩笔，每组 1～2 盒。

2. 绘本：《盘中餐》（纸质版、电子版皆可）。

3. 农作物：如有条件，教师可准备一株水稻供学生观察；若当地没有水稻，教师可请农人详细介绍当地主要农作物的生长过程、特点，以及农人在作物生长过程中要做的工作。

五、教学内容

本次课共有 5 个环节，分别是"上节课回顾""盘中餐，知多少""给农作物生长过程排排序""画一画农作物生长过程""本节课总结"，课程时长 80 分钟（2 课时）。

环节一：上节课回顾（5分钟）

1. 齐诵《乡土开课辞》。

2. 教师组织学生回顾课堂约定。

3. 教师组织学生回顾上节课主要内容。

环节二：盘中餐，知多少（35分钟）

（一）目标

通过绘本《盘中餐》，学生了解并描述水稻的生长过程、各个阶段的主要特点，理解体会农作物的生长离不开农人的辛劳。

（二）步骤

1. 教师引入：你知道农作物会经历哪些生长过程吗？本次课，我们将探索农作物的一生。老师准备了一个谜语，大家猜猜看是哪种农作物。

春穿绿衣秋黄袍，头儿弯弯垂珠宝，从幼到老难离水，不洗澡来只泡脚。

——水稻

2. 思考与互动。

（1）一粒稻种是如何经过生长，最终变成我们餐桌上香喷喷的米饭的呢？

（2）水稻的生长会经历哪些阶段？

（3）在水稻生长过程中，农人需要做什么事情呢？

3. 教师组织学生共读绘本《盘中餐》。

（1）教师带领学生通读绘本，了解主要内容。

（2）教师带领学生精读绘本，通过提问互动，引导学生关注细节，并联系生活经验思考（问题可参考课件）。

【提示】

①绘本中涉及二十四节气的内容，本次课仅作简要介绍，后续课程中将深入学习。

②教师可以请学生说一说对刚才几个问题的理解。

4. 教师组织学生完成"探索手册"中的"体验世界—水稻生长过程排排序"。

5. 教师出示：水稻生长的顺序。

6. 教师组织学生用自己的话说一说水稻的生长过程。

7. 教师总结：水稻的生长过程。

【参考】

我们发现，水稻种子会在湿润的环境下发芽，长成秧苗后，农人就会将秧苗一排排插入水田。水稻在田里慢慢长大，长出修长的叶片，然后抽出稻穗。到了夏天，稻穗开出一朵朵的小花，并在秋天结出稻谷，而稻谷中包裹的饱满的谷粒，最终变成我们餐桌上香喷喷的米饭！

8. 思考与互动：水稻在生长的过程中，会经历哪些挑战呢？农人会如何照顾它们呢？

9. 教师介绍：水稻生长过程中可能遭遇的伤害及农人为此付出的劳动。

【参考】

伤害：虫灾、鸟害、洪涝、干旱等……

农人的劳动：浸种、翻土、插秧、施肥、除虫、收割……

10. 思考与互动：了解了水稻生长过程中可能遇到的种种挑战以及农民伯伯为此付出的辛勤劳动，你有什么感想？

【提示】教师接受学生提出的各种想法，比如学生可能会意识到粮食的来之不易等。

11. 教师总结：水稻要长大，会经历不少挑战。它能顺利长大，也离不开农人的精心照料。

环节三：给农作物生长过程排排序（15分钟）

（一）目标

通过给三种以上当地常见农作物的生长阶段排序，学生能认识到农作物的主要生长过程：种子萌发、幼芽、生长、开花、结果与枯萎。

（二）步骤

1. 教师引入：除了水稻，我们村里还种了许多其他农作物。这些农作物从幼苗到成熟经历了怎样的生长过程呢？你能识别它们各个生长阶段的样子吗？我们来给它们的生长过程排排序吧！

2. 教师介绍任务和规则：给农作物生长过程排序。

（1）小组讨论，完成"探索手册"中"学习驿站"的内容。

（2）音量为"2"，时长10分钟。

（3）遵守合作学习约定："达成共识""做好记录"。

达成共识	
该怎么做？	该怎么说？
①组长要让每个组员都能表达意见 ②每一个观点都要提供理由 ③经过讨论仍意见不一时，举手投票	①对于这个问题，你怎么想？ ②我认为……，因为…… ③我同意/不同意……的观点，因为……
做好记录	
该怎么做？	该怎么说？
记录员记录要点和结论	我们组的结论是……

3. 教师示范：教师选择一个小组，带领该组组长和组员，向全班同学示范该如何"达成共

识""做好记录"。

4. 教师组织小组讨论，完成"探索手册"中对应内容的填写。

5. 教师组织小组代表分享结论。

6. 教师出示课件中的正确答案。

【提示】教师引导学生观察图片细节与特征，并检查各组排序是否正确。

7. 思考与互动。

（1）不同农作物的生长过程有相同的地方吗？

（2）它们都会经历类似的生长过程吗？

8. 教师总结：农作物生长的一般过程。

【参考】一般来说，农作物和大部分植物一样，都会经历一个完整的生命周期。这个过程从种子开始，种子在适宜的条件下发芽，长成幼苗后逐渐生长，接着植株会开花、结果，果实中包含了繁衍下一代的种子，之后，它们会逐渐枯萎，这就是农作物的生命周期。不过，对于有些蔬菜来说，人们常食用其嫩叶，因此它的植株往往在开花前就被收割了，所以我们很少看到它们开花和结果的样子。

环节四：画一画农作物生长过程（20分钟）

（一）目标

结合前期所学和生活经验，学生能画出农作物主要生长过程。

（二）步骤

1. 教师引入：现在我们已经了解了农作物的主要生长过程，接下来让我们一起动手画一画吧！

2. 教师介绍任务和规则：画一画农作物生长过程。

（1）选择一种农作物，尝试画一画它的生长过程。

（2）重点画出从种子、萌芽、幼芽、生长、开花、结果等过程。

（3）音量为"1"，时长15分钟。

3. 教师组织学生完成任务。

【提示】教师根据具体时间，确定是否请学生分享以及分享人数。

环节五：本节课总结（5分钟）

1. 教师总结今日所学。

2. 教师布置作业：完成"探索手册"。

六、参考板书

今日主题：探寻农作物生长之旅　　　　日　期：　年　月　日

农作物生长过程：

种子萌芽→幼芽形成→植株生长→开花→结果→枯萎

第 **7** 课 | 揭秘农作物生长密码（2课时）

一、教学目标

1. 通过课堂观察、观看视频和小组实验，学生能说出土壤的主要成分。

2. 通过遵守合作学习约定，小组合作有序完成土壤成分探究的实验。

3. 通过课堂观察和实验对比，学生能发现不同土壤的主要差异，以及不同农作物对土壤的不同需求。

二、教学重难点

1. 教学重点：学生探究土壤的主要成分。

2. 教学难点：学生有序进行观察及对比实验。

三、教学建议

1. 教师可以选取有代表性的土壤样本，如：水田、旱田、沙田等，以便学生能直观比较。

2. 教师提前做实验，确保课堂上实验的成功率。

3. 对于存在安全隐患或操作难度较大的实验，教师可以亲自示范让学生观察，或者播放视频来展示实验过程。

四、教学准备

1. 土壤：两种有代表性的土壤样本，如：种植玉米的土、种植水稻的土（耕作层以下黏性较强的土）。

2. 照片：土壤采集点照片。

3. 实验器材：烧杯、玻璃杯、纸巾、纱布、底部有几个穿孔的纸杯，任选其一，每组1份；清水若干；塑料桌布、报纸、胶垫，三选其一，每组1份。

4. 视频：《你真的了解土壤吗？》[1]。

五、教学内容

本次课共4个环节，分别是"上节课回顾""田土成分大探究""田中土壤比比看""本节课总结"，课程时长80分钟（2课时）。

环节一：上节课回顾（5分钟）

1. 齐诵《乡土开课辞》。

2. 教师组织学生回顾课堂约定。

3. 教师组织学生回顾上节课主要内容。

环节二：田土成分大探究（35分钟）

（一）目标

通过观察、实验等方式，学生了解土壤的主要成分。

（二）步骤

1. 教师引入：田有一个重要的"秘密伙伴"，它一直默默地支持着农作物的生长，却常常被我们忽视。你知道这个"秘密伙伴"是什么吗？

【提示】教师可以请学生猜一猜，然后揭晓答案——土壤。二年级"山中万物"主题中学习过关于"土"的知识，教师可以引导学生回忆。

2. 思考与互动。

（1）土壤是农人在田里种植农作物的基础。土壤中的什么成分，能够满足农作物生长的需要？

（2）我们可以通过哪些方法来观察土壤？

3. 教师介绍观察土壤的方法：五感观察法之"看、摸、闻"。

4. 教师介绍任务和规则：探究田土的成分。

（1）小组合作观察土壤并讨论，在"探索手册"中记录发现。

（2）音量为"2"，时长8分钟。

（3）遵守合作学习约定："分工明确""做好记录"。

---

1 打开百度搜索引擎，输入关键词"你了解土壤吗？"，点击百度页面上的"视频"，可获取。

分工明确	
该怎么做？	该怎么说？
组长主持讨论，资料员负责领取和回收资料，检查员确认大家是否完成了所有任务，记录员记录实验发现	组长：请你负责第二项任务，可以吗？ 组员：组长，我可以负责……
做好记录	
该怎么做？	该怎么说？
记录员记录要点和结论	我们组的结论是……

5. 教师组织学生阅读"探索手册"中的对应板块。

【提示】教师请学生思考：根据"探索手册"中的观察任务，小组需要哪些分工？

6. 教师组织小组合理分工并领取实验器材。

7. 教师组织小组根据"探索手册"完成任务。

8. 教师组织小组代表分享实验结论。

9. 教师小结：土壤里面有植物的根、碎叶子、小虫子、水分、空气、小的石头颗粒、粉尘等。

10. 思考与互动。

（1）土壤里还有什么？（细菌、真菌、无机盐、有机物）

（2）哪些成分有助于农作物成长？（无机盐、有机物、空气、水分）

（3）为什么要让土壤保持疏松？（可以为植物提供充足的空气和水分）

11. 教师播放视频：《你真的了解土壤吗？》。

12. 教师小结：土壤中有水分、空气、腐殖质、无机盐，它们能让农作物茁壮生长，这些就是让农作物生长的密码。

13. 思考与互动：除了土壤，农作物茁壮生长还有必不可少的要素，你知道是什么吗？

14. 教师总结：光照、温度、空气、水分、养分和土壤。这些不仅是农作物生长的基本要素，也是绝大多数植物生长所需要的要素。

环节三：田中土壤比比看（35分钟）

（一）目标

在观察与实验中，学生能观察、记录不同土壤的特点，理解不同农作物对土壤环境的需求差异。

（二）步骤

1. 教师出示：不同农作物的图片。

2. 思考与互动：不同农作物对土壤的要求一样吗？

3. 教师组织学生快速阅读"探索手册"中的对应板块。

4. 思考与互动：如果我们要对比两种土壤，可以使用哪些方法？

5. 教师总结。

（1）我们可以使用感官观察，对比土壤的颜色、颗粒大小、气味和水分。

（2）我们向土壤里加一点水，用手握一握、揉一揉，看看它们是否能被揉成团。

（3）我们将同样多的土壤样本放在纱布上或底部扎了孔的纸杯中，下面放烧杯或玻璃杯，然后分别把同样多的水倒入土壤中，观察它们的渗水情况。

6. 教师介绍任务和规则：田中土壤比比看。

（1）参考"探索手册"，观察对比两种土壤，完成对应表格填写。

（2）音量为"2"，时长 15 分钟。

（3）遵守合作学习约定："分工明确"。

分工明确	
该怎么做？	该怎么说？
组长主持讨论，资料员负责领取和回收资料，检查员确认大家是否完成了所有任务，记录员记录实验发现	组长：请你负责将水倒入土中，可以吗？ 组员：我可以捏一捏、揉一揉土

7. 思考与互动：根据"探索手册"中的观察任务，我们需要哪些分工？

8. 教师组织小组进行合理分工并领取物资（两种来自不同田的土壤样本）。

9. 教师组织小组根据"探索手册"提示开展探究。

【提示】教师巡堂计时，观察小组合作学习开展情况，适时适度介入帮助。若实验效果不佳或部分实验受条件限制未能开展，可以播放实验视频。

10. 教师组织小组代表分享实验结果与结论。

11. 教师小结：不同土壤的差异。

【参考】水田的土壤黏性更强、水分多，渗水性差；旱地的土壤黏性差，水分较少，渗水性更强。

12. 思考与互动：水稻要种在水田里，玉米和土豆种在旱地里，西瓜种在沙地里，这是为什么？

13. 教师小结：不同的农作物对土壤的要求有所不同。

【参考】水稻喜欢水分更多的环境，玉米和土豆对水分的需求较少，更能适应干旱环境。因此，农人需要根据不同农作物的生长需求，对田里的土壤进行调整和改造。

14. 教师介绍课件中的无土栽培技术。

【参考】

随着科技的发展，现在有一种新型的作物栽培技术——无土栽培。作物不再栽培在土壤中，而是种植在特定的栽培基质中，用营养液进行作物栽培。

由于这种技术不依赖天然土壤，而是通过营养液栽培作物，故被称为无土栽培。只要有一定的栽培设备和必要的管理措施，作物就能正常生长并实现高产。

无土栽培突破了土壤的限制，极大地扩展了农业生产的空间，使得作物能够在不适宜传统耕作的环境中生长，具有广阔的发展前景。

环节四：本节课总结（5分钟）

1. 教师总结今日所学。

2. 教师布置作业：完成"探索手册"。

六、参考板书

今日主题：揭秘农作物生长密码　　　　　　日　期：　年　月　日

土壤：水、空气、无机盐、有机物（腐殖质）

（根据实际采集的样本情况板书）

水田的土壤：水较多、有黏性、渗水差

旱田的土壤：水较少、黏性低、渗水强

第**8**课 | 绘制农作物手抄报（2课时）

一、教学目标

1. 通过教师引导及参考范例，学生能掌握手抄报的设计方法，完成一幅内容丰富、搭配美观的手抄报作品。

2. 通过教师引导，学生能够绘制四级主题的单元思维导图，梳理、总结本单元所学。

3. 通过使用"我的单元成长档案"，学生能对自己和同组伙伴的学习表现进行评价和反思。

二、教学重难点

学生能绘制一幅既体现所学知识又搭配美观的手抄报。

三、教学建议

教师详细介绍绘制手抄报的流程步骤，并提供一些示范手抄报供学生参考。

四、教学准备

1. 工具：彩笔，每组 1 ~ 2 盒；铅笔、橡皮、直尺等，可由学生自行准备。

2. 示范作品：以"农作物"为主题的手抄报[1]。

五、教学内容

本次课共 4 个环节，分别是"上节课回顾""绘制农作物手抄报""绘制单元思维导图""我的单元成长档案"，课程时长 80 分钟（2 课时）。

1　网络搜索关键词"农作物　手抄报"可获取。

环节一：上节课回顾（5分钟）

1. 齐诵《乡土开课辞》。

2. 教师组织学生回顾课堂约定。

3. 教师组织学生回顾上节课主要内容。

环节二：绘制农作物手抄报（35分钟）

（一）目标

学生能掌握手抄报设计的基本要素（标题、内容、插图、色彩搭配），并绘制一幅既体现所学又搭配美观的手抄报。

（二）步骤

1. 教师引入：此前，我们认识了农作物的种子，学习了农作物生长需要哪些要素？这节课，我们要用一种特别的方式回顾学习内容——手抄报。

2. 教师介绍：手抄报是报纸的另一种形式，它可传阅、可观赏、也可张贴，具有很强的可塑性和自由性。手抄报也是一种宣传工具，它就相当于缩小版的黑板报。

3. 教师出示："农作物"主题手抄报范例。

【提示】教师可以请学生说一说手抄报的共同点。

4. 教师介绍：手抄报的特点。

（1）主题明确：通常围绕一个特定主题，如节日、季节等。

（2）内容丰富：手抄报往往包含文字、图片、图表、线条等多种元素。

（3）版面设计：文字和图片位置合理安排，使手抄报的版面既美观又实用。

5. 教师介绍任务和规则：绘制农作物手抄报范例。

（1）请围绕"农作物"这一主题绘制手抄报。

（2）版面内容体现所学知识，比如种子的秘密、农作物的生长过程和生长要素等内容。

（3）音量为"1"，时长 30 分钟。

6. 教师介绍：绘制手抄报的步骤。

（1）确定主题：拟定醒目的标题，体现手抄报的核心内容。

（2）确定大致内容：根据前期所学知识和自身经验，确定手抄报主要内容。

（3）规划布局：用铅笔轻轻画出准备呈现的所有元素和位置，包括标题、文字（几个板块，横版或竖版）、绘画和装饰花边的位置。

（4）绘制草图：根据规划好的布局，用铅笔在纸张上绘制草图。

（5）书写文字：在指定的文字区域书写内容，注意字体的整洁和美观。

（6）上色和装饰：用彩笔、油画棒或彩铅为手抄报上色，并添加装饰元素，让手抄报更生动美观。

7. 教师组织学生自主创作。

8. 教师组织学生代表分享自己的作品。

【提示】教师视时间邀请学生分享作品，同时给予分享者正向反馈。

环节三：绘制单元思维导图（20分钟）

（一）目标

在教师示范下，学生能按要求绘制单元思维导图，回顾本单元内容。

（二）步骤

1. 教师引入：本单元的学习已经接近尾声，想一想，我们都开展了哪些活动？你学到了什么？

2. 思考与互动：还记得帮助我们回顾所学内容的工具，以及它们的使用方法吗？

3. 教师总结：接下来，我们使用思维导图回顾本单元所学吧！

4. 教师介绍任务和规则：绘制单元思维导图。

（1）请围绕本单元主题绘制单元思维导图。

（2）思维导图包含四级主题内容，要尽可能详细、图文并茂。

（3）音量为"1"，时长15分钟。

5. 教师组织学生绘制思维导图[1]。

【提示】

①在绘制思维导图时候，教师引导学生翻看"探索手册"，回忆每课具体所学内容。

②教师也可以引导、带领学生一起在黑板上画出基本框架，学生再参考着在"探索手册"上完善思维导图。

6. 教师出示：本单元思维导图。

环节四：我的单元成长档案（20分钟）

（一）目标

学生能有序填写"我的单元成长档案"，完成自我评价和小组互评。

（二）步骤

1. 教师引入：本单元的学习到这里就结束了，我们表现得怎么样呢？接下来一起来给自己和小组成员评一评吧！

2. 教师组织学生填写"探索手册"中的"我的单元成长档案"[2]。

---

1 思维导图的绘制方法，可参考"彩绘山中田"，本书第23页。

2 "我的单元成长档案"的填写方法，教师可以参考"彩绘山中田"，本书第24页。

六、参考板书

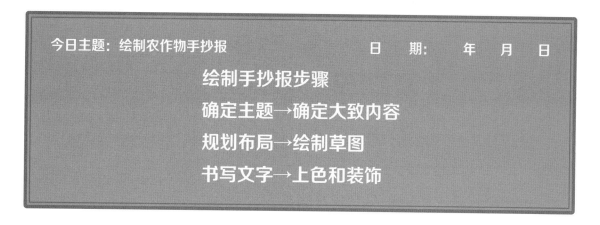

今日主题：绘制农作物手抄报　　　　　日　期：　年　月　日

绘制手抄报步骤

确定主题→确定大致内容

规划布局→绘制草图

书写文字→上色和装饰

七、思维导图内容框架

本思维导图仅展示了单元内容框架，教师带领学生绘制思维导图时，可参考电子课件中的思维导图范例。

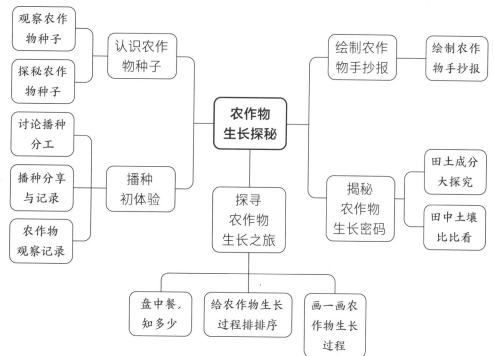

第 三 单 元
万物感恩交响曲

一、单元设计思路

"万物感恩交响曲"为"山中田事"主题上学期最后一个单元。此前，学生围绕"山中田的特点""田的起源""田里的农作物"等知识点进行了探索与学习。到了这个单元，学生将全面思考山、田、农作物以及农人之间的相互关系，重点聚焦于"农作物"，通过"角色扮演"活动，向自然界万物表达感恩之情，深刻理解农作物的生长是万物共同作用的结果。

二、单元跨学科设计

本单元涉及道德与法治、语文、科学三门学科。

三、单元目标

（一）社会责任

结合本学期所学，学生理解田、山、人与农作物之间的紧密联系，以及农作物生长与自然万物的关系，从而初步树立对大山、田、农作物、农人及自然的感恩意识。

（二）乐学善学

1. 学生能积极参与课堂互动、小组讨论、角色扮演等不同类型的学习活动。

2. 学生能绘制四级主题的学期思维导图，回顾本学期所学。

3. 学生能填写"我的学期成长档案"，进行自我评价和小组互评，总结个人和小组伙伴在各方面的成长变化。

四、单元课程目录

第9课 | 万物感恩交响曲 （2课时）

一、教学目标

1. 通过教师的引导和示范，学生能理解山、田、农作物、农人之间的关系。

2. 通过"角色扮演"活动，学生能深刻理解自然万物帮助农作物生长，萌生感恩自然之情。

3. 通过教师引导，学生能够绘制四级主题的学期思维导图，梳理、总结本学期所学。

4. 通过使用"我的学期成长档案"，学生能对自己和同组伙伴的学习表现进行评价和反思，总结自己和同组伙伴的学期成长变化。

二、教学重难点

学生能用自己的话表达对山、田、农作物、农人关系的理解。

三、教学建议

1. 教师组织示范：请几位同学分享自己的内容，给没有思路的同学做示范。

2. 如果学生不能独立创作思维导图，教师可以先带领学生绘制基本框架，再由学生自行完善思维导图。

四、教学准备

工具：彩笔，每组1～2盒。

五、教学内容

本次课共有4个环节，分别是"上节课回顾""万物感恩分享会""绘制学期思维导图""我的学期成长档案"，课程时长80分钟（2课时）。

环节一：上节课回顾（5分钟）

1. 齐诵《乡土开课辞》。

2. 教师组织学生回顾课堂约定。

3. 教师组织学生回顾上节课主要内容。

环节二：万物感恩分享会（35分钟）

（一）目标

在教师引导下，学生能深入理解农人、田、山和农作物之间的相互依存关系。

（二）步骤

1. 教师引入：本学期，我们探索了"山中田的特点""田的起源"和"田里的农作物"。你能尝试说一说山、田、农作物、农人之间有着怎样的联系吗？

2. 教师示范：我认为山是田的依靠，有了山雄伟的身躯，田才能有层层叠叠的轮廓，而田为农作物的生长提供了土壤与养分。

3. 教师组织学生用完整的话表达。

4. 教师介绍农人、农作物、山、田之间的关系网。

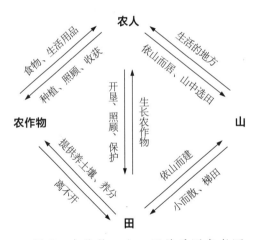

图2：农作物、山、田关系网参考图

5. 思考与互动：除了农人辛勤的付出和田的养育，农作物的生长还和哪些事物有关呢？比如农作物需要什么来保持生命力，不让它们干枯呢？

6. 教师总结：农作物的生长需要很多事物的帮助。

【参考】

水能滋润农作物，帮助农作物保持新鲜和活力。风就像大自然的邮递员，帮助农作物传递花粉。太阳是农作物的能量站，它的光照让农作物能够进行光合作用，制造出自己的食物。小蜜蜂和其他昆虫是农作物的好朋友，它们在花间飞舞，帮助传播花粉，让农作物结出丰硕的果实。蚯蚓是土壤中的小英雄，它们在土里钻来钻去，帮助松土，让农作物的根更容易呼吸和吸收营养。还有些植物能和农作物互相帮助，共同抵御害虫和疾病。土壤里有很多营养，就像农作物的超级食物，让它们长得高高的，壮壮的。最后，我们不能忘记农民伯伯，他们像照顾自己的孩子一样精心地照顾农作物。

我们可以说，农作物的生长离不开天、地、人的共同作用，离不开自然万物。

【提示】教师可以根据同学们所说的内容进行总结。

7. 教师介绍任务和规则：万物感恩分享会。

（1）想象一下，假如你是农作物，你最想感谢谁呢？

（2）将"感恩宣言"填写在"探索手册"中。

（3）音量为"1"，时长 10 分钟。

8. 教师做语言示范：我是农作物，感谢农民伯伯的辛勤耕耘与精心照料，使我茁壮成长。

9. 教师组织学生独立创作并熟悉"感恩宣言"。

10. 教师组织活动：万物感恩分享会。

【提示】教师请学生围成一个圈，请学生轮流用"3"的音量说出自己的"感恩宣言"。

11. 教师总结：我们可以把农作物的生长想象成一首美妙的交响曲。在这个交响曲中，天、地、人，还有山中的动植物，都如同乐手，奏响各自独特的旋律。农作物对这一切充满感激，而这份感激，正是交响曲中最动听的音符，让整首乐章更加和谐美好。

环节三：绘制学期思维导图（20分钟）

（一）目标

学生能按要求绘制学期思维导图，回顾学期内容。

（二）步骤

1. 教师引入：随着"万物感恩交响曲"的落幕，我们也为本学期的课程画上了圆满的句号。那么，回顾这一学期，我们都学了什么呢？

2. 教师介绍任务和规则：绘制学期思维导图。

（1）围绕学期主题绘制学期思维导图。

（2）思维导图包含四级主题内容，要尽可能详细、图文并茂。

（3）音量为"1"，时长 15 分钟。

3. 教师组织学生绘制思维导图[1]。

---

1 思维导图的绘制方法，可参考"彩绘山中田"，本书第 23 页。

环节四：我的学期成长档案（20分钟）

（一）目标

学生能填写"我的学期成长档案"，进行自我评价和小组互评，总结个人和小组伙伴在各方面的成长变化。

（二）步骤

1. 教师引入：本学期，我们完成了丰富有趣的知识学习，各小组也团结一致地完成了各项合作任务。在本学期的最后，想一想，你对自己的学习是否满意？你对小组伙伴的表现是否满意？

2. 教师组织学生填写"探索手册"中"我的学期成长档案"[1]。

3. 教师可结合实际情况，组织学生分享学期个人成长情况。

4. 教师组织各小组，遵守"轮流发言"的合作学习约定，在组内互相表达感谢。感谢这个学期，彼此之间的支持与帮助。

【提示】如果课程时间紧张，教师可以另外找时间带学生完成学期思维导图和"我的学期成长档案"。

六、参考板书

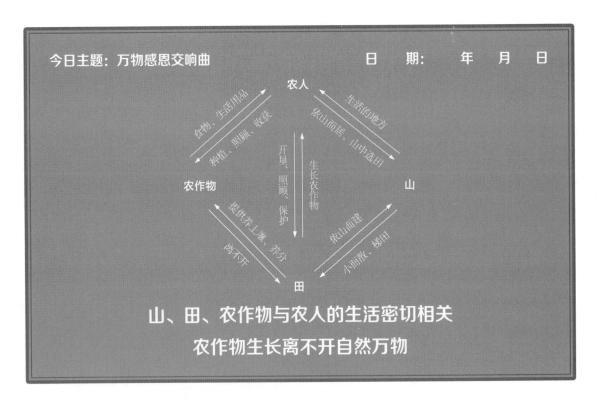

---

1 "我的学期成长档案"的填写方法，可参考"彩绘山中田"，本书第24页。

七、思维导图内容框架

本思维导图仅展示了学期内容框架，教师带领学生绘制思维导图时，可参考电子课件中的思维导图范例。

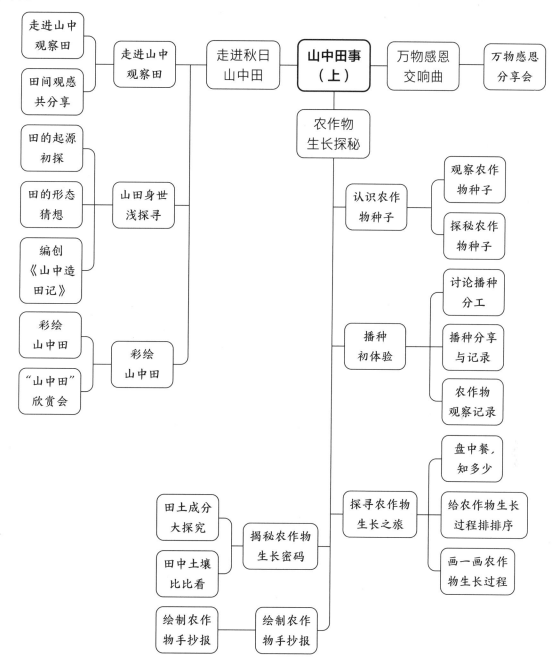

附录1 ▎"山中田事"（上）教具清单

序号	对应课程	物品名称	物品单位	分配方式	备注
1	整个学期	《山中田事》（引导手册）	本	每师1本	教师备课
2		《山中田事（上）》（探索手册）	本	每生1本	学生使用
3		彩笔	盒	每组1～2盒	彩铅或油画棒皆可
4	开学第一课	自制开学卡片	张	每生1张	分组
5	第4课 认识农作物种子	当季农作物种子若干	若干	每组若干	视情况准备
6	第5课 播种初体验	泡沫箱或旧桶或纸箱	若干	每组若干	视情况准备
7		锄头	把	每组1～2把	
8		铲子	把	每组1～2把	
9		小学生劳动手套	双	每生1双	
10		美化工具（如麻绳、颜料等）	套	每生1套	
11		水盆或水桶或花洒	个	每组1～2个	
12	第6课 探寻农作物生长之旅	《盘中餐》	本	每班1本	绘本教学
13	第7课 揭秘作物生长密码	2种有代表性的土壤样本	份	每组1份	用于探究土壤成分实验
14		烧杯或玻璃杯	个	每组2个	
15		纸巾或纱布	份	每组1份	
16		穿孔的纸杯	个	每组2个	
17		塑料桌布或报纸	份	每组1份	开展完探究后，便于清洁桌面

附录 2 | "山中田事"（上）学生学期评价量表

素养目标	评价标准			
	非常出色	再接再厉	努力加油	还需改进
自信分享	1. 能自觉地遵守分享礼仪 2. 能围绕主题，清晰流畅有条理地分享	1. 较为自觉地遵守分享礼仪 2. 能围绕主题，清晰流畅地分享	1. 在教师或同伴提醒下，能较为自觉地遵守分享礼仪 2. 在教师引导下，能围绕主题较为清晰流畅地分享	1. 分享时，不能遵守分享礼仪 2. 分享内容不清楚，主题不明确，观众理解较困难等
乡土认同	1. 能够描述山田的地形特征、山田地形对农业活动的影响、本地田的类型 2. 能够说出常见农作物种子特点、生长过程，以及生长所需要素	1. 能够描述山田的地形特征、山田地形对农业活动的影响、本地田的类型（能说出其中2个方面内容） 2. 能够说出常见农作物种子特点、生长过程，以及生长所需要素（能说出其中2个方面内容）	1. 能够描述山田的地形特征、山田地形对农业活动的影响、本地田的类型（能说出其中1个方面内容） 2. 能够说出常见农作物种子特点、生长过程，以及生长所需要素（能说出其中1个方面内容）	对山田和农作物缺乏认知等
社会责任	1. 在大多数情况下，能自觉遵守课堂约定，并协助老师维护课堂约定 2. 能说出田与山、田与人的相互依存关系，具有感恩人、田、农作物、山的意识	1. 在大多数情况下自觉遵守课堂约定 2. 能说出田与山、田与人的相互依存关系，具有感恩人、田、农作物、山的意识	1. 在教师引导下，能有意识地遵守课堂约定 2. 能说出田与山、田与人的相互依存关系，具有感恩人、田、农作物、山的意识	1. 经教师多次提醒，仍无法遵守课堂约定，不尊重教师和同学 2. 对田、农作物、农人、山无感恩之情等
勇于探究	1. 能围绕与田相关的事物提出感兴趣的问题，且问题具体 2. 能运用感官、工具观察对象的外部形态特征及现象，准确地描述发现	1. 能围绕与田相关的事物提出感兴趣的问题 2. 能运用感官、工具观察对象的外部形态特征及现象，较完整地描述发现	1. 能提出问题 2. 能运用感官、工具观察对象的外部形态特征及现象，能描述发现	消极对待探究活动，不愿意尝试等
实践创新	能积极参与简单的农业活动，如种植、农作物管理等	能较好地参与简单的农业活动，如种植、农作物管理等	能参与简单的农业活动，如种植、农作物管理等	不愿意参加农业活动等

（续表）

素养目标	评价标准			
	非常出色	**再接再厉**	**努力加油**	**还需改进**
乐学善学	1. 能在大多数课堂中积极参与各项活动，认真完成各项任务 2. 能运用"农作物观察记录表"持之以恒记录农作物生长情况，且观察记录较认真准确 3. 能绘制四级且用不同颜色进行区分的思维导图，逻辑清晰、字迹工整 4. 能认真完成"我的成长档案"，能客观地评价自己和组员的变化，积极改进	1. 能在半数课堂中积极参与各项活动，认真完成各项任务 2. 能运用"农作物观察记录表"记录农作物生长情况，且观察记录较认真仔细 3. 能绘制四级且用不同颜色进行区分的思维导图，逻辑较清晰或字迹工整 4. 能认真完成"我的成长档案"，能客观地评价自己和组员的变化，尝试改进	1. 在老师的提醒下，能参与课堂活动 2. 能运用"农作物观察记录表"记录农作物生长情况 3. 能绘制四级且用不同颜色进行区分的思维导图 4. 能在教师的引导下，完成"我的成长档案"	1. 大部分课堂中不积极参与，经常开小差 2. "农作物观察记录表"记录潦草 3. 不能绘制思维导图 4. 不能完成"我的成长档案"
沟通合作	1. 能认真参与小组合作，良好地遵守合作学习约定 2. 能明确自己的角色和责任，能良好地完成任务分工	1. 能参与小组合作，较好地遵守合作学习约定 2. 能明确自己的角色和责任，能较好的完成任务分工	1. 能参与小组合作，在伙伴提醒下遵守合作学习约定 2. 能完成自己的分工	消极对待小组任务，不能遵守合作学习约定等
审美情趣	1. 能用较为准确的词汇从不同角度欣赏他人作品 2. 能用绘画的形式准确完整地表现所观察事物特征，且画面整洁、线条清晰、色彩丰富、细节具体（达成3点即可）	1. 能从不同角度欣赏他人作品 2. 能用绘画等形式表现观察事物的特征，且画面整洁、线条清晰、色彩丰富、细节具体（达成2点即可）	1. 能欣赏他人作品 2. 愿意参与艺术创作，能用绘画表现观察事物的特征	1. 不能欣赏自然之美及他人作品 2. 消极对待艺术创作活动，画面混乱，表现内容不清晰等

山中田事｜下

开学第一课
（2课时）

一、教学目标

1. 通过课堂活动，学生了解本学期乡土课的主题为"山中田事"，复习《乡土开课辞》、音量规则、分享规则。

2. 通过遵守"轮流发言""举手表决"的合作学习约定，学生能较为顺利地组建新学期小组，完成选组长、定分工、起组名。

3. 通过小组讨论，全班投票，学生能选定 4 ~ 5 条具体、清晰的课堂约定。

二、教学重难点

1. 教学重点：学生能遵守合作学习约定，选组长、定分工、起组名。

2. 教学难点：各小组间能力水平相对均衡。

三、教学建议

教师在综合考虑学生的能力、性格、特长、性别等因素后进行分组：①每组有不同类型的学生，各有所长，即"组内异质"；②各组之间的水平相当，即"组间同质"；③每组以 4 ~ 6 人为宜。在分组游戏后，教师结合实际情况对分组进行微调。

四、教学准备

1. 分组卡片：教师根据班级人数，准备分组卡片，卡片大小为 A4 纸的 6 等份，卡片内容可以是常见的农作物图片，如：辣椒、水稻、玉米、蚕豆、白菜、南瓜等。每一种卡片的数量与计划分组的小组人数相等。

2. 教室准备：上课前，教师以小组形式摆放桌椅[1]。

五、教学内容

本次课共 5 个环节，分别是"走进乡土课""你好！我的小组""小组初亮相""课堂约定共制定""本节课总结"，课程时长 80 分钟（2 课时）。

环节一：走进乡土课（5 分钟）

（一）目标

通过本环节，学生复习《乡土开课辞》以及课堂音量规则。

（二）步骤

1. 教师引入：欢迎来到新学期的乡土课！从今天开始，我们将踏上了新的乡土之旅！大家还记得上学期我们学习了什么吗？令你印象深刻的活动有哪些？你有哪些收获？

【提示】教师带着学生回忆上学期所学，并请学生说一说自己的收获。

2. 思考与互动：同学们还记得在"开学第一课"，我们都要开展哪些常规活动吗？

3. 教师总结：我们要回顾《乡土开课辞》、课堂音量规则，讨论是否创编新的动作，是否更换课堂约定，结成新的小组，明确新学期乡土课的学习主题。

4. 师生共同诵读《乡土开课辞》。

【提示】

①教师可以请学生说一说对《乡土开课辞》新的理解。

②教师可以询问学生是否要更换《乡土开课辞》动作。如需更改，师生可以在本次课创编新的动作。

③如果师生第一次开展乡土课，教师可简单阐释开课辞大意，适当加入动作、打节拍等[2]。

5. 思考与互动：为了让乡土课的学习更顺利，我们经常使用哪几种不同的音量？

6. 教师介绍音量规则。

（1）"0"：无声（自主创作或倾听时）。

（2）"1"：小声，即耳语（两人小声交流时）。

（3）"2"：轻声细语，组内能听到（小组合作时）。

（4）"3"：大声洪亮，全班能听清楚（分享时）。

【提示】如果学生已经能非常好地遵守音量规则，教师可以跳过此环节。

1　参见《吾乡吾土指导纲要》（孔学堂书局 2025 年版）第五章内容。

2　《乡土开课辞》的动作编排可参考田字格公益官网"学习园地—课程资源"中的"乡土示范课"。

环节二：你好！我的小组（35分钟）

（一）目标

小组能遵守"轮流发言""举手表决"的合作学习约定，完成组建小组的任务。

（二）步骤

1. 教师引入：本学期，你期待和谁组成新的小组呢？接下来，我们依然通过"找朋友"的游戏，形成新的小组。同学们还记得游戏规则吗？

2. 教师介绍任务和规则：找朋友。

（1）每人抽取一张小卡片。

（2）走动起来互相看看各自卡片上的内容。

（3）持有相同卡片的同学手拉手走到一起。

（4）音量为"2"，时长10分钟。

3. 教师组织学生抽卡片并开展"找朋友"的游戏。

【提示】

①教师根据班级小组情况确定抽签的数量，如果是6个小组，每组5人，可以使用6种"农作物"的卡片，比如：辣椒图片5小张、水稻图片5小张、玉米图片5小张、蚕豆图片5小张、白菜图片5小张、南瓜图片5小张。

②上课前，教师以小组形式摆放桌椅。等小组成立后，教师可以指定小组坐在哪个位置。如有些同学想要拿原来座位上的笔和本子，教师可以集中给学生2分钟，以"1"的音量拿东西。

③活动过程中，教师可增加趣味设置，比如学生伴随教师敲击的节奏动起来，节奏停，所有人立即静止，待节奏重新响起，学生行动继续。

④教师对活动中学生的表现进行点评和鼓励，如遵守音量规则等方面。

4. 思考与互动。

（1）大家还记得组长和组员的责任吗？

（2）组建小组"三步曲"包括哪三步？

5. 教师介绍组长和组员职责：组长是老师的小助手，负责协助老师和组员开展活动、维持纪律，帮助组员更好完成任务；组员要配合组长一起完成小组任务。

6. 教师发布任务：组建小组"三步曲"（选组长、定分工、起组名）。

（1）参考"探索手册"指示，完成组建小组"三步曲"：小组讨论，确定组长；讨论小组分工；给小组起组名。

（2）音量为"2"，时长15分钟。

（3）遵守合作学习约定："轮流发言""举手表决"。

轮流发言	
该怎么做?	该怎么说?
从身高最高的同学开始,按顺时针依次发言	① 我想当……,因为…… ② 我推荐……同学,因为……
举手表决	
该怎么做?	该怎么说?
举手投票,少数服从多数	① 支持……同学当组长的请举手 ② 支持……为组名的请举手

7. 教师组织示范:教师选择一个小组,带领该组组员,向全班同学示范该如何"轮流发言""举手表决"。

8. 教师组织学生完成任务。

【提示】关于每个组的分工,教师应根据小组实际人数,引导学生担任组长、资料员、纪律员、检查员、安全员、记录员,如果人数较多,记录员可以有多位。此部分内容的开展,教师如需详细指导,可以参考本手册上册"开学第一课"中此部分内容。

环节三:小组初亮相(20分钟)

(一)目标

小组能按照分享要求上台做自我介绍。

(二)步骤

1. 教师引入:在新小组成立之后,我们接下来要做什么呢?你还记得"分享"和"倾听"的规则吗?

2. 教师介绍任务和规则:小组亮相。

(1)分享者从讲台一边上台,另一边下台。

(2)分享小组站定,一起鞠躬后说:"大家好,我们是……组",接着组长说:"我是组长某某",最后组员说:"我是组员某某,我的分工是……";所有人介绍完毕后,小组成员一起说:"谢谢大家"。

(3)分享音量为"3",听众音量为"0"。

(4)每组分享完毕后,倾听者要及时把掌声送给分享者。

3. 教师组织小组依次上台分享。

【提示】如果学生已经掌握了"分享"和"倾听"的规则,那教师可以跳过此部分内容,直接邀请小组上台分享。教师可以从分享者的音量、礼仪、内容以及听众是否专注倾听等方面点评,给予肯定。

环节四：课堂约定共制定（15分钟）

（一）目标

通过小组讨论和全班讨论，学生共同制订本学期乡土课课堂约定。

（二）步骤

1. 教师引入：同学们还记得上学期的课堂约定吗？你都遵守了吗？本学期，我们是否要更换呢？我们一起来讨论下吧！

2. 教师介绍任务和规则：课堂约定共制订。

（1）小组讨论并选出可以成为本学期课堂约定的内容。

（2）每个小组选出 4～5 条。

（3）音量为"2"，时长 8 分钟。

3. 教师组织小组在"探索手册"上完成对应内容的填写。

4. 教师组织小组代表分享。

5. 教师组织全班学生对选出的内容进行逐一举手投票，以确定课堂约定。

【提示】

①教师将小组选出的课堂约定的序号记录在黑板上，方便学生投票。

②建议课堂约定不超过 5 条。

③根据实际需要，教师可对同学们投票确定的课堂约定进行微调或增补（比如，和学生约定违反"约定"的处理方法、收回注意力的口令等）。

环节五：本节课总结（5分钟）

1. 教师引入：本学期乡土课的主题依然为"山中田事"，我们将继续了解各种农事活动。本学期，你对自己和小组成员有什么期待？对该主题有哪些好奇的问题呢？请写下来吧！

2. 教师总结今日所学。

3. 教师布置作业：完成"探索手册"。

六、参考板书

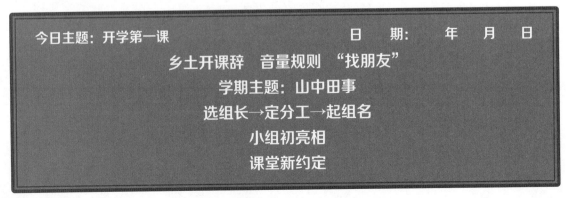

今日主题：开学第一课　　　　　　　日　期：　年　月　日

乡土开课辞　音量规则　"找朋友"

学期主题：山中田事

选组长→定分工→起组名

小组初亮相

课堂新约定

第一单元
走进春日山中田

一、单元设计思路

"走进春日山中田"属于"山中田事"主题下学期的第一个单元。贵州的山田拥有别样的春日风光。梯田被清澈的春雨灌溉后，照映着天空的蓝色和周围山峦的绿色，构成了一幅层次分明、色彩斑斓的自然画卷。春天是播种的季节，到了春季，农民们开始忙碌起来，犁田、播种、插秧，田间地头一片繁忙的景象。春天的山间，野花也竞相开放，白的、粉的，点缀在绿色的山坡上，与田间的农作物、与忙碌的农人，共同使山中田地焕发出无限生机。

春季是学生感受春天家乡田的美好、进一步了解山中田事的好时机。本单元学生将围绕两个核心问题展开学习：春天的田有哪些特点？春日山田与秋日山田有何不同？学生将通过体验和观察，描述春日山中田的特征。在这个过程中，学生用画笔捕捉春日山田的美丽景象，深入思考春日山田与秋日山田之间的差异。

二、单元跨学科设计

本单元涉及美术、语文、综合实践三门学科。

三、单元目标

（一）审美情趣

在教师指导下，结合观察体验和所学知识，学生能用线条和色彩创作春日山中田的绘画，感受春天家乡山田之美。

（二）自信分享

1. 学生能遵守分享规则，主动分享观察、感受、创作成果以及小组讨论得出的结论等内容。

2. 学生能围绕主题，清晰、流畅地分享内容，并注重细节描述。

（三）乐学善学

学生能积极参与户外观察、小组讨论、艺术创作、写作等学习活动。

（四）沟通合作

学生能遵守"及时求助""积极助人"的合作学习约定，遇到困难时能按照顺序求助，愿意帮助有困难的组员。

（五）社会责任

学生能遵守并维护课堂约定和户外课堂约定。

（六）乡土认同

通过观察，学生发现家乡山田的美好与独特，激发学生对家乡的积极情感体验，进而增强学生对家乡的认同感。

四、单元课程目录

第1课　走进春日山中田（2课时）

第2课　春日山田绘与思（2课时）

五、相关概念

春日： 通常指的是春天的日子或春季的时光。

第 1 课 | 走进春日山中田（2 课时）

一、教学目标

1. 通过教师引导，学生能遵守户外课堂约定，有序完成户外观察任务，积极分享观察收获。

2. 通过观察体验活动，学生能使用五感观察法，观察、描述春日山中田，感受家乡春日田的独特与美好。

二、教学重难点

1. 教学重点：学生能从不同视角观察和描述春天的田。

2. 教学难点：学生可以有序开展户外观察活动。

三、教学建议

1. 在开展户外活动前，教师需和学生明确户外课堂约定及违反约定的处罚办法，并在校园内熟悉、练习。回到教室后，教师对当次课的户外课堂约定遵守情况要及时总结反馈。

2. 在自由探索前，务必划定明确的活动范围。

3. 在户外活动中，教师可以遵照先集中引导、再自由探索的顺序进行。

4. 如果开展校外教学存在困难，教师可以用图片、影像资料代替，通过布置作业，请学生利用放学后的时间观察。

四、教学准备

1. 活动场地：教师进行户外踩点，选择视野开阔、平坦、安全且能看到美景的观察活动区域。

2. 教学支持：教师邀请 1 名助教老师参与，协助维持纪律。

五、教学内容

本次课共4个环节,分别是"上节课回顾""走进山中观察田""分享山田观后感""本节课总结",课程时长80分钟(2课时)。

环节一:上节课回顾(5分钟)

1. 齐诵《乡土开课辞》。

2. 教师组织学生回顾课堂约定、户外课堂约定。

3. 教师组织学生回顾上节课主要内容。

环节二:走进山中观察田(35分钟)

(一)目标

学生能调动身心感官,从不同的视角观察和描述春日山田,感受家乡春日山田的独特与美好。

(二)步骤

1. 教师引入:同学们,还记得那个夏末秋初的午后,我们一起走进的山中田地吗?你们有没有一些特别深刻的印象,比如:金黄的稻穗,或是田间忙碌的农人?如今,春天再度来临,大家有没有留意到家乡的田野在这个季节发生了哪些变化?今天,让我们再次踏上这片熟悉的山田,用我们的双眼去发现春天山田的新变化,用我们的心去感受这份独特的美丽,开启"山中田事"主题下学期的"走进春日山中田"单元!

2. 教师介绍任务和规则:走进山中观察田。

(1)以小组为单位,外出观察田,感受春日山田。

(2)在观察和感受的同时,完成"探索手册"的填写。

【提示】

①教师先组织学生熟悉"探索手册"上的内容,然后询问学生"外出时,我们应遵守哪些规则?如果违反了相应规则怎么办?"

②如果师生是第一次开展户外观察,关于户外课堂约定以及违反规则的处理方法,教师可以参考本册上册"走进山中观察田"此部分内容。

3. 教师组织学生带好"探索手册"、笔,排好队,有序到达观察地点。

【教师引导参考】

①首先,让我们抬头看看这些田,它们像不像是山的"衣服"?这些"衣服"有的一层一层地堆叠起来,有的则是不同颜色的组合。如果是梯田,大家可以数一数,看看这些梯田究竟有多少层?

②接下来,让我们看看梯田的颜色,你现在能数出多少种颜色?在不同的时间,比如早晨、中午和傍晚,田的颜色会有什么变化吗?

③现在是春天，你们发现此刻的田和秋天的田相比有什么不同？是不是有些植物或农作物开始发芽了？有没有新的生命在悄悄地生长？田里的农作物有没有变化？仔细感受这些植物，你有没有感受到生命的力量？

④闭上眼睛，静静地听一听周围的声音，听到了什么？是风轻轻吹过油菜花田的声音？还是远处小鸟的歌唱？

⑤你看到农民伯伯忙碌的身影了吗？他们都在忙什么？

⑥在安全的情况下，我们可以轻轻地触摸一下田里的水和泥土，感受它们的质地。水是温暖的还是凉爽的？泥土是湿软的还是干燥的？

⑦当我们向远处望去，看到蓝蓝的天空、洁白的云朵、翠绿的山峰，你有什么感受？

⑧最后，想一想，这些田对于农民伯伯来说意味着什么？它们是如何帮助我们产出各种农作物的呢？

⑨其他：在观察时，教师先请学生在附近（能听到老师说话的地方）找一个舒服的位置，安静地站着或坐下来，跟随教师的引导语观察和感受。

4. 教师组织学生自由观察。

【提示】教师要给学生留时间自由观察，感知春天的田。如果学生能比较好地遵守规则，教师可以组织学生在安全区域内开展自由观察；在观察时，教师须强调注意事项：比如不能踩到农作物，不能摘取植物食用，不能超出活动范围……教师请组长、安全员、纪律员认真履行各自职责。

5. 教师组织小组有序回到教室。

【提示】师生对外出活动情况进行总结：好的方面以及需要提升的方面，比如活动开展是否有序、学生是否积极参加、小组合作情况等方面。教师可灵活调整总结的时机，可以是学生分享完观察发现后总结，也可以是学生回到教室后再总结。

环节三：分享山田观后感（35分钟）

（一）目标

学生能用语言表达对春天田的观察和感受。

（二）步骤

1. 组织学生分享观察、发现和感受。

【提示】教师根据学生数量、课程时间及现场环境情况，可以选择在田间围圈进行（节省时间），也可以返回教室进行（更有利于保持学生注意力）。在分享之前，教师也可以给学生留一点时间完成"探索手册"上需填写的内容。

2. 教师总结。

老师听到了许多精彩的观察和深刻的感受：我们观察到的田，不仅仅是一片片土地的堆叠，还是历史的见证，每一层梯田都承载着季节的更迭。大家都看到了田的颜色的变化，从嫩绿的新芽到金黄的稻穗，这些都是大自然生命力的展现。大家还听到了微风沙沙、小鸟啾啾、蜜蜂嗡嗡之声，这些都是大自然最美妙的乐章。春天的田是凉凉的，泥土湿软，味道里夹着青草的香味。相较于秋天，春天的农作物也有了新的变化。我们看到了很多农民伯伯在忙着春耕，有的在修复田垄，有的在犁地，有的在给田灌水……田是农民伯伯智慧和汗水的结晶。

【提示】教师根据学生实际分享情况进行总结。

环节四：本节课总结（5分钟）

1. 教师总结今日所学。

2. 教师布置作业：完成"探索手册"。

六、参考板书

今日主题：走进春日山中田　　　　　　　　　日　期：　　年　月　日
走进春日山中田：我看到春天的田…… 　　　　　　　　　我听到…… 　　　　　　　　　轻轻地触摸一下田里的水和泥土， 　　　　　　　　　我的感受…… 　　　　　　　　　自由观察……

第2课 | 春日山田绘与思（2课时）

一、教学目标

1. 通过教师引导，学生能结合观察，创作"春日山中田"主题绘画。

2. 通过教师引导，学生能结合观察、思考和发现，创作"春秋山田各不同"主题作文。

二、教学重难点

1. 教学重点：学生能用线条和色彩创作春日山中田的绘画。

2. 教学难点：学生能用文字来表达对春日田和秋日田的不同感受、思考和发现。

三、教学建议

1. 教师在学生写作之前进行充分引导，提供写作框架。

2. 如果学生没有观察过秋天的山中田，教师也可以引导学生把重点放在本次观察的春日山中田的描写上。

四、教学准备

1. 工具：彩笔，每组 1~2 盒。

2. 示范画：以"春日山中田"为主题的儿童画[1]。

五、教学内容

本次课共 4 个环节，分别是"上节课回顾""春日山田绘""春秋山田各不同""本节课总结"，

---

1 可网络搜索关键词"山 春天 田 儿童画"等获取。

课程时长80分钟（2课时）。

环节一：上节课回顾（5分钟）

1. 齐诵《乡土开课辞》。

2. 教师组织学生回顾课堂约定。

3. 教师组织学生回顾上节课主要内容。

环节二：春日山田绘（35分钟）

（一）目标

学生能用线条和色彩创作春日山中田的绘画，表现家乡春日山中田的独特与美好。

（二）步骤

1. 教师引入：春风轻轻吹过田，带着泥土的芬芳和花草的香气，让人心旷神怡。一片片嫩绿的农作物在阳光下茁壮成长，花朵也竞相开放，偶尔传来几声鸟鸣和蜜蜂的嗡嗡声，给这宁静的画面增添了几分生机。这节课，让我们拿起画笔，将这份春日山田的美好定格在画布上吧！

2. 教师介绍任务和规则：春日山田绘。

（1）结合外出观察和经验，用画笔描绘春日田的独特与美好。

（2）可以选择画一块田，也可以选择画一片田。

（3）尝试在画作中涂上你观察到的春天的田的颜色。

（4）可以在画作中，增添细节和其他元素，比如田间地头的老牛。

（5）可以先用铅笔起稿，再用黑色彩笔勾边，最后涂上相应的颜色。

（6）音量为"1"，时长30分钟。

3. 教师出示：以"春日山田"为主题的儿童示范画。

【教师引导参考】

①你看到了什么？你观察到了哪些颜色？

②示范画中的田和我们家乡的田有什么不一样？

③你打算画出哪些事物？

4. 教师组织学生领取绘画工具完成绘画任务。

【提示】

①邀请美术老师指导学生绘画。

②会画画的教师，可以带着学生一起画。

③不会画的教师可以给学生展示示范画，并按照上述内容进行引导。

5. 教师组织学生代表上台分享自己的画作。

【提示】教师根据具体时间，确定分享人数。

环节三：春秋山田各不同（35分钟）

（一）目标

通过观察和思考，学生能用文字来表达对春、秋两个季节的山田的不同感受、思考和发现。

（二）步骤

1. 教师引入：同学们，我们一起领略了山中田在春秋两个季节的不同魅力。虽然是同一片土地，但在不同的季节里，它展现出了不同的色彩和气息，让我们一起拿起笔，用文字记录下这些宝贵的感受和记忆。

2. 教师介绍任务和规则：春与秋的山田印象。

（1）写一写你对两个不同的季节山中田的记忆、发现、感受。

（2）题目自拟，200 字左右。

（3）内容参考：天气的变化、色彩的变化、农作物的变化、小动物们的活动变化、"田事"的变化等。也可以写一写你更喜欢哪个季节的田。

（4）音量为"1"，时长 30 分钟。

（5）遵守合作学习约定："积极助人""多方求助"。

积极助人	
该怎么做？	**该怎么说？**
按顺序求助：组员→组长→其他小组→老师	①这个字，我不会写，你可以帮帮我吗？②谢谢你的帮助
多方求助	
该怎么做？	**该怎么说？**
发现他人有困难／他人求助时，主动提供帮助	①你需要帮忙吗？②我来帮你

3. 教师组织学生完成写作任务。

【提示】教师根据具体时间，确定是否请学生分享和分享人数。

环节四：本节课总结（5分钟）

1. 教师总结今日所学。

2. 教师布置作业：完成"探索手册"。

六、参考板书

今日主题：春日山田绘与思　　　　　　　　　日　期：　年　月　日

春与秋的山田印象

天气的变化

色彩的变化

农作物的变化

小动物们的活动变化

农民伯伯做的"田事"的变化

第 二 单 元
跟农学田事

一、单元设计思路

"跟农学田事"属于"山中田事"主题下学期的第二个单元。本单元，学生将跟随农人认识农业生产使用的农具，了解开展农事活动所依的节气。

在田间地头，我们可以见到各式各样的农具，它们是农业生产不可或缺的伙伴。无论是历史悠久的传统农具，还是科技赋能的现代机械，都是生产力飞跃的见证，也是农民高效耕耘的得力助手。在农具日新月异的今天，重新审视并思考传统农具的价值与意义，也变得十分必要。

除了认识农具，了解农民在不同季节开展各类农业活动的原因，掌握节气奥秘同样是本单元学习的重要环节。

二、单元跨学科设计

本单元涉及劳动教育、美术、综合实践、科学、语文五门学科。

三、单元目标

（一）勇于探究

学生能观察并描述农具的外形特征、用途、当地节气物候特征及现象。

（二）沟通合作

1. 学生在小组讨论中遵守"轮流发言""专注倾听""及时点赞""做好记录"等合作学习约定。

2. 学生能在限定时间内开展组内合作，明确分工，并尝试履行自己的职责。

（三）实践创新

学生学习并初步掌握简单的农业劳动技能，展现出积极的劳动态度，并能够与组员完成劳动任务。

（四）社会责任

学生能积极遵守与维护课堂约定、劳动纪律和安全规范。

（五）审美情趣

1. 结合所见所学，学生能较为准确地绘制当地农具图。

2. 学生能欣赏和评价他人的作品。

（六）自信分享

1. 学生能遵守分享规则，主动分享观察、感受、创作成果以及小组得出的结论等内容。

2. 学生能围绕既定主题，清晰、流畅、细节丰富地分享。

（七）乡土认同

学生能辨认当地常见的农具，能说出二十四节气及其基本含义，初步了解农具、节气在当地农业生产中的运用，感受农人的智慧。

（八）乐学善学

1. 学生能积极参与课堂互动、小组讨论、自然观察、艺术创作等不同类型的学习活动。

2. 学生能绘制四级主题的单元思维导图，梳理单元所学内容。

3. 学生能填写"我的单元成长档案"，总结个人和小组的成长变化。

四、单元课程目录

第3课　种田好帮手——农具（2课时）

第4课　绘制创意"农具库"（2课时）

第5课　农人种田观节气（2课时）

第6课　跟着老乡学耕种（2课时）

五、相关概念

田事： 即农事，与农业相关的各种活动。

农具： 指农业生产使用的工具，是农民在从事农业生产过程中用来改变劳动对象的器具。中国农业历史悠久，地域广阔，农具种类繁多。

二十四节气： 一年中地球绕太阳运行到二十四个规定位置（即视太阳黄经度每隔15°为一个节气）上的日期。其划分源于中国黄河流域，各节气分别冠以反映自然气候特点的名称。当视太阳在黄经90°阳光直射北回归线时，北半球昼最长，夜最短，称"夏至"；在黄经270°阳光直射南回归线时，北半球昼最短，夜最长，称"冬至"；当视太阳在黄经0°和180°阳光两次直射赤道时，昼夜平分，分别称"春分"和"秋分"。上述的"二至""二分"，在春秋时代已由圭表测日影长短法确立。战国末期，又在春分—夏至—秋分—冬至—春分之间，黄经每隔45°各增一个节气，分别为立夏、立秋、立冬、立春，即"四立"。秦汉时，随农业生产发展，又分别在这八个节气之间，黄经各隔15°增加两个节气。至此，以不违农时为中心，反映一年四季变迁，雨、露、霜、雪等气候变化和物候特征的"二十四节气"已完全确立，成为农事活动主要依据。中国幅员辽阔，在同一节气各地气候变化不一，农事活动也有差异。西汉刘安《淮南子·天文》中已有完整二十四节气的最早记载。西汉太初元年（前104年）实施的《太初历》首次将"二十四节气"订入历法。

二十四节气体现了中国古代对自然规律的深刻理解，至今仍对农业生产和日常生活有重要影响。

农业指导：帮助农民安排农事活动。

文化传承：与传统节日、习俗紧密相关。

自然规律：反映季节变化，指导生活起居。

老乡： 同乡人，指来自同一个地区的人，也泛指农民。

第3课 | 种田好帮手——农具（2课时）

一、教学目标

1. 通过课堂观察农具，学生能认识农具，了解其设计原理和用途。

2. 通过给农具排序，学生能了解农具的发展过程。

3. 通过教师引导和小组讨论，学生能认识、区分传统农具和现代农具，了解传统农具的价值。

二、教学重难点

1. 教学重点：学生了解常见的农具名称、设计原理、用途。

2. 教学难点：因为很多传统农具已经消失，学生不一定能直观地观察到部分传统农具。

三、教学建议

1. 教师可搜集一些方便学生观察的传统农具，提前熟悉农具的用途，或者邀请农民进课堂介绍它们的用途。

2. 复杂的大型农具或搜集不到的农具，教师可用照片代替，让学生观察。

四、教学准备

传统农具：教师搜集贵州传统农具，将这些农具摆放在宽敞的位置，方便学生观察（本次课以教师带锄头、铲子、镰刀、连枷、簸箕、背篼、扁担等7种农具到教室观察为例），如果条件允许，教师也可以带学生直接到农具较多的农民伯伯家里，观察学习。

五、教学内容

本次课共5个环节，分别是"上节课回顾""我会观农具""我给农具排排序""传统农具与现代农具""本节课总结",课程时长 80 分钟（2 课时）。

环节一：上节课回顾（5 分钟）

1. 齐诵《乡土开课辞》。

2. 教师组织学生回顾课堂约定。

3. 教师组织学生回顾上节课主要内容。

环节二：我会观农具（35 分钟）

（一）目标

通过观察，学生了解常见的农具的名称、结构、用途等。

（二）步骤

1. 教师引入：同学们，欢迎来到"跟农学田事"单元。你知道"跟农学田事"是什么意思吗？就是指我们跟随农民伯伯学习耕种。今天，我们先认识农民伯伯种田的好帮手，你们知道是什么吗？对，是农具。在没有现代机械的时候，农民伯伯用什么农具来耕种土地、收获粮食呢？每一件农具都有它独特的名字、用途，它们是农业文化的重要组成部分。今天，我们将一起认识这些农具。

2. 思考与互动。

（1）你家里有哪些农具？

（2）你知道哪些农具？

3. 教师总结：农民伯伯种田会使用很多工具，这些工具就叫作农具。老师带来了 7 种农具，这节课让我们一起走近农具，认识农具。

4. 教师介绍任务和规则：观察农具。

（1）观察农具，并在"探索手册"上做好记录。

（2）每个小组先各观察一种不同的农具，4 分钟后观察下一种，直到观察完所有的农具。

（3）安全员要提醒大家注意安全，轻拿轻放农具。

（4）音量为"2"，时长 30 分钟。

5. 教师组织小组轮流观察农具。

【提示】

①本次课，教师携带锄头、铲子、镰刀、连枷、簸箕、背篓和扁担等农具到教室，供学生们观察。

②如果准备了镰刀，为了安全起见，教师可以带学生集体观察。

③教师计时，每隔 4 分钟提醒小组观察下一种农具。

④在小组完成观察后，教师可以邀请学生亲自尝试使用农具。

6. 教师出示：课件中的农具图片。

7. 教师组织学生说一说每一种农具的用途和它的特别之处。

8. 思考与互动。

（1）为什么扁担叫"扁担"？

（2）为什么锄头的柄比较长？

（3）为什么铲子的头一般是尖的？

（4）为什么镰刀的一边非常锋利？

（5）农人用背篓背什么？

【提示】答案没有对错，学生只要言之成理即可。

环节三：我给农具排排序（10分钟）

（一）目标

通过给农具排序的活动，学生体会农具的发展过程，进一步认识传统农具和现代农具。

（二）步骤

1. 教师引入：这些我们现在看到的农具都是从很早之前流传至今的，随着现代技术的发展，农具也在迭代更新。

2. 教师介绍任务和规则：我给农具排排序。

（1）请按照早期到现代的时间演变，对农具进行排序。

（2）遵守合作学习约定："轮流发言""专注倾听"。

（3）音量为"2"，时长5分钟。

轮流发言	
该怎么做？	该怎么说？
①按组长指定的顺序，每个人依次发言 ②听上一个同学说完，再开始分享	①轮到你发言了 ②我认为……
专注倾听	
该怎么做？	该怎么说？
①看着发言的人，微笑或点头表示听懂 ②不打断别人的发言	—（保持音量为"0"）

3. 教师总结：农具经历了从传统到现代的发展，包括了传统农具和现代农具。耒耜、曲辕犁、簸箕、风谷车、锄头、手动播种工具都属于传统农具，其他属于现代农具。

4. 思考与互动：我们是如何区分传统农具和现代农具的呢？

5. 教师总结：依靠人力或畜力开展农业活动的生产工具，一般被称为传统农具；依靠机械与智能化设备开展农业活动的生产工具，一般被称为现代农具或现代农机。

6. 思考与互动：你还知道哪些传统农具和现代农具？

7. 教师出示：传统农具和现代农具图片。

8. 教师组织学生完成"探索手册"中的"连一连"任务。

9. 教师总结：农具的出现与演变，大大提高了农业生产效率，它们都是农人种田的好帮手，充分体现了农人的智慧。

环节四：传统农具与现代农具（25分钟）

（一）目标

通过思考、小组讨论、教师讲解，学生能说出传统农具和现代农具的不同，认识传统农具的价值。

（二）步骤

1. 教师引入：传统农具主要依靠人力或畜力，现代农具依靠电力或化石燃料提供动力，除了这一点，你还能想到其他的不同之处吗？

2. 教师介绍任务和规则：对比传统农具与现代农具。

（1）小组讨论：传统农具和现代农具的不同之处。

（2）遵守合作学习约定："轮流发言"。

（3）音量为"2"，时长10分钟。

3. 教师组织小组开展讨论。

4. 教师组织小组代表分享。

【提示】教师根据每个小组分享进行总结，学生分享只要言之成理即可。

5. 教师总结：传统农具与现代农具的不同。

【参考】

①材料

传统农具通常由木材、竹子、石头或金属等天然材料制成。

现代农具使用更先进的材料，如合金钢、塑料、合成纤维等。

②技术

传统农具比较依赖人力或畜力，多为手工制作。

现代农具依靠电力或化石燃料提供动力，采用机械化、自动化技术，如拖拉机、收割机等。

③效率

传统农具效率较低，需要较多的人力和时间来完成农活。

现代农具大大提高了农业生产效率，减少了人力需求。

④精确度

传统农具的操作依赖经验和技巧，精确度较低。

现代农具通过电子设备和传感器，可以实现更精确的农业操作。

6. 思考与互动：在我们这里，为什么仍然有很多农民伯伯在使用依赖人力或畜力的传统农具呢？随着科技的发展，现代农具层出不穷，大大提高了农业生产效率，那么传统农具还有存在的必要和价值吗？

【提示】教师鼓励学生积极思考，学生只要言之成理即可。

7. 教师总结：传统农具的优势。

【参考】

环境友好：相较于现代农具，传统农具对环境的影响较小，不会产生大量的有害气体和噪音污染。

可持续性：在一些资源有限或偏远地区，传统农具可以就地取材，易于制作和维护，更符合可持续发展的理念。

经济性：传统农具成本较低，对于经济条件较差的农民来说，使用传统农具可以减轻经济负担。

适应性：在一些地形复杂或土地分散的地区，大型现代农具操作难度大，传统农具则更加灵活，有更强的适应性。

审美价值：许多传统农具设计精美，具有很高的艺术价值和审美意义，可以作为工艺品或装饰品。传统农具的设计原理和使用方式可以为现代农业机械的设计提供灵感和参考。

文化传承：传统农具是农业文明的重要组成部分，承载着丰富的历史和文化信息，它们是了解和传承农耕文化的重要途径。

综上，传统农具依然具有巨大的存在价值。

环节五：本节课总结（5分钟）

1. 教师总结今日所学。

2. 教师布置作业：完成"探索手册"。

六、参考板书

今日主题：种田好帮手——农具　　　　　　日　期：　年　月　日

农具：传统农具　现代农具

农具——农民伯伯种田的好帮手

传统农具依然有巨大的价值

第 4 课 | 绘制创意"农具库"（2 课时）

一、教学目标

1. 通过遵守"轮流发言""做好记录"的合作学习约定，小组能对常见农具分类。

2. 通过教师引导，学生结合所学发挥创意，完成"农具库"主题绘画。

3. 通过遵守"轮流发言""及时点赞"的合作学习约定，学生能进行组内分享，并能欣赏和评价同学的作品。

二、教学重难点

学生能发挥创意，创作图文并茂的"农具库"。

三、教学建议

1. 教师引导学生观察农具的外形，先勾勒轮廓，再补充细节。

2. 教师可引导学生参考儿童示范画，鼓励学生举一反三。

四、教学准备

1. 工具：彩笔，每组 1 ~ 2 盒。

2. 图片：以"农具库"为主题的儿童示范画[1]。

五、教学内容

本次课共 5 个环节，分别是"上节课回顾""我给农具分分类""我绘创意'农具库'""'农具库'

---

1 网络搜索关键词"农具 简笔画"即可获得。

欣赏会""本节课总结",课程时长80分钟(2课时)。

环节一:上节课回顾(5分钟)

1. 齐诵《乡土开课辞》。

2. 教师组织学生回顾课堂约定。

3. 教师组织学生回顾上节课主要内容。

环节二:我给农具分分类(10分钟)

(一)目标

在教师的引导下,小组讨论对常见农具进行分类,知道农具可分为耕地工具、收获工具、加工工具、运输工具等。

(二)步骤

1. 教师引入:我们身边的农具有这么多的种类和用途,有的用来翻地、有的用来播种、有的用来收割、有的用来加工和运输……你能将它们按照用途分类摆放吗?

2. 教师介绍任务和规则:我给农具分分类。

(1)小组讨论给农具分类,在"探索手册"上做好记录。

(2)遵守合作学习约定:"轮流发言""做好记录"。

(3)音量为"2",时长8分钟。

轮流发言	
该怎么做?	该怎么说?
①组长要让每个组员都能表达意见 ②每一个观点都要提供理由 ③经过讨论仍意见不一时,举手投票	①对于这个问题,你怎么想? ②我认为……,因为…… ③我同意/不同意……的观点,因为……
做好记录	
该怎么做?	该怎么说?
记录员记录要点和结论	我们组的结论是……

3. 教师组织小组讨论,完成"探索手册"对应内容的填写。

4. 教师组织小组代表分享讨论结果。

5. 教师总结:按用途分,我们可以将农具大致分成耕种工具、灌溉工具、收获工具、加工工具、运输工具等……需要注意的是,有些农具具有多种用途。

【提示】分类没有对错,学生只要言之成理即可。

环节三：我绘创意"农具库"（25分钟）

（一）目标

结合所学，学生发挥创意，创作图文并茂的"农具库"。

（二）步骤

1. 教师引入：每种农具都是农业历史的见证，它们不仅有着独特的外形，还承载着特定的功能和用途。今天，我们用画笔画出这些农具，形成一个"农具库"。

2. 教师介绍任务和规则：我绘创意"农具库"。

（1）每个同学绘制的"农具库"，至少应包含6种农具。

（2）请在画好农具图案的同时，标注农具的名称，并附上一句简短的介绍说明。

（3）音量为"1"，时长20分钟。

3. 教师出示："农具库"示范图，引导学生观察如何绘制农具简笔画。

【提示】引导学生观察农具的形状（每个农具，都可拆解为几何形状的组合，比如铲子是长方形＋三角形），先画轮廓，再补充细节并上色。

4. 教师组织学生完成绘画。

环节四："农具库"欣赏会（35分钟）

（一）目标

在教师引导下，学生在小组内能介绍自己的作品，同时能欣赏和评价他人的作品。

（二）步骤

1. 教师引入：同学们，大家精心绘制的"农具库"已经大功告成了。现在，是我们小组内分享和展示这些精彩作品的时刻。

2. 教师介绍任务和规则："农具库"欣赏会。

（1）组长指定某位同学先介绍自己的作品，其他同学欣赏完这位同学的作品后做出评价，可参考"探索手册"中的评价维度。

（2）音量为"2"，时长30分钟。

（3）遵守合作学习约定："轮流发言""及时点赞"。

轮流发言	
该怎么做？	**该怎么说？**
①一位同学先分享作品 ②其他同学给予评价	①大家好，接下来由我分享作品 ②我画的"农具库"包括……谢谢大家 ③我觉得你画的农具非常像 ④我觉得你画的"农具库"非常全面

（续表）

及时点赞	
该怎么做？	该怎么说？
①竖起大拇指 ②微笑鼓掌	①你介绍得很好 ②你点评得很好

3. 教师组织学生开展组内分享和相互欣赏的任务。

环节五：本节课总结（5分钟）

1. 教师总结今日所学。

2. 教师布置作业：完成"探索手册"。

六、参考板书

今日主题：绘制创意"农具库" 日 期： 年 月 日
农具分类（按用途分）： **耕种工具、灌溉工具、收获工具、加工工具、运输工具等**

第 **5** 课 | 农人种田观节气（2 课时）

一、教学目标

1. 通过户外观察活动，学生能发现当地当季的物候特点，感受节气。

2. 通过看视频、阅读，学生能掌握《二十四节气歌》，明白节气对农业生产的影响。

3. 通过节气农谚学习，学生能举例说明农人根据节气进行农业生产，理解二十四节气的重要价值，感受农人耕种的智慧。

二、教学重难点

学生能在户外观察中发现符合当地当时节气的动植物、天气、农事特点，感受节气就在我们身边。

三、教学建议

1. 如果没有条件开展户外活动，教师可以选择校园内适合的场地带学生开展。

2. 若受天气影响无法开展户外观察，教师可改为播放纪录片《节气：时间里的中国智慧》（教师可选择贴近当季的一集播放，作为户外课堂替代方案）。

四、教学准备

1. 视频：《你知道二十四节气吗？》[1]。

2. 节气谚语：教师提前搜集当地节气谚语，并了解其含义。

3. 活动场地：教师提前踩点，选择安全活动区域。

---

1 网络搜索关键词"你知道二十四节气吗？"即可获得。

五、教学内容

本次课共5个环节，分别是"上节课回顾""走进山中观节气""二十四节气知多少""节气里的农谚""本节课总结"，课程时长80分钟（2课时）。

环节一：上节课回顾（5分钟）

1. 齐诵《乡土开课辞》。

2. 教师组织学生回顾课堂约定、户外课堂约定。

3. 教师组织学生回顾上节课主要内容。

环节二：走进山中观节气（35分钟）

（一）目标

在户外，学生能发现、观察当地当季的动植物、天气和农事特点。

（二）步骤

1. 教师引入：农具是农民伯伯的好帮手。除了农具，还有一个古老而神秘的"帮手"，它能告诉农民伯伯天气的变化和田间劳作的最佳时机，你知道是什么吗？今天，我们来认识这个古老且神秘的帮手——节气。

2. 思考与互动：你听说过二十四节气吗？你知道现在属于哪个节气吗？

3. 教师介绍任务和规则：走进山中观节气。

（1）以小组为单位参考"探索手册"提示，观察节气。

（2）遵守户外课堂约定。

（3）音量为"2"，时长30分钟。

4. 教师组织学生快速阅读"探索手册"对应内容。

5. 教师说明活动范围与观察时间。

6. 教师组织学生以小组为单位带上"探索手册"、笔，有序到指定活动场地

【提示】学生可以在不同的观察地点，重点观察植物、昆虫、农作物和农人的劳作情况等。如果学生不知道如何观察，教师可以作集中引导示范，比如：你观察到植物和前一段时间相比，有什么变化吗？你有什么特别的发现吗？田里农作物和前一段相比有什么变化吗？

7. 教师组织学生以小组为单位有序回到教室。

8. 教师组织学生分享观察发现。

【提示】教师根据具体时间决定分享人数。

9. 教师总结。

【参考】

今日（最近）的节气是清明。清明时节，春意盎然，小草冒出嫩芽，树开始长出嫩叶，杜鹃花、樱花、油菜花、桃花盛开。蝴蝶和蜜蜂多了起来，它们在花间采蜜，仔细观察还能找到蝴蝶产的卵。很多农民伯伯在田里，有的在耕田，有的在施肥，此刻正是农事繁忙的时候。

最近天气以阴天为主，偶尔还会下毛毛雨，天气凉爽，适合踏青、扫墓等活动。

希望同学们都有一双善于发现的眼睛，这样你会发现节气就在我们身边，蕴含在动植物、天气、农事的变化里。

与南方相比，北方此时的动植物、农事、气候特点截然不同。很多植物才开始长出新芽嫩叶，有少数树开始开花，比如梧桐树等。仔细观察，还可能会观察到候鸟从南方迁回北方的景象。

清明节气也是北方地区农田管理的重要时期，为麦田浇水、除虫等农事活动频繁。这个时间，北方地区的气温逐渐回升，但依然比较冷，降水少，空气干燥，常伴有大风和沙尘天气。

【提示】以上总结语仅供参考，教师根据当地实际情况进行调整。

环节三：二十四节气知多少（20分钟）

（一）目标

通过视频、教师讲解、阅读资料，学生能说出《二十四节气歌》和节气对农业生产的影响等内容。

（二）步骤

1. 教师引入：除了清明，你还听说过哪些节气？

2. 教师介绍：《二十四节气歌》。

> 春雨惊春清谷天，夏满芒夏暑相连。
>
> 秋处露秋寒霜降，冬雪雪冬小大寒。
>
> 上半年逢六廿一，下半年逢八廿三。
>
> 每月两节日期定，最多相差一二天。

【提示】此处可诵读多遍，让学生熟悉。为增加趣味性，可采取男女读、小组读、开火车读等多种诵读形式。

3. 思考与互动：这首歌里面蕴藏了节气的名称和顺序，你发现了吗？

4. 教师播放视频：《你知道二十四节气吗？》

5. 教师总结：原来早在春秋时期，古人利用土圭测量正午太阳影子的长短，由此发现了节气，用来指导农业生产。节气歌中总共包含了二十四个节气，每月两个，上半年的节气，一般在每月 6 号或者 21 号，下半年的节气，一般在每月 8 号或 23 号，但也有个别可能会相差一两天。

6. 思考与互动。

（1）为什么同样的节气，南北方会有明显的差异呢？

（2）二十四节气对农业生产有什么帮助？

（3）你知道每个节气名称的含义吗？

7. 组织学生自主阅读"探索手册"对应内容。

环节四：节气里的农谚（15分钟）

（一）目标

通过学习农谚，学生进一步了解农人如何利用节气进行农事活动，感受农人耕种的智慧。

（二）步骤

1. 教师引入：为了更好地将节气和种田等农事相结合，古人发明了很多谚语，你知道哪些节气谚语，可以说说看吗？

2. 教师介绍任务和规则：节气谚语知多少。

（1）每个小组选择"探索手册"中2～3个谚语，进行小组讨论。

（2）音量为"2"，时长5分钟。

（3）遵守合作学习约定："轮流发言"。

轮流发言	
该怎么做？	**该怎么说？**
①按组长指定的顺序，每个人依次发言 ②听上一个同学说完，再开始分享	①轮到你发言了 ②我认为这句谚语的含义是……

3. 教师组织小组完成任务。

4. 教师组织小组代表分享。

5. 教师总结：不同地区的农民伯伯，对于如何利用节气进行耕种，都有自己独特的经验。这背后充满了农民伯伯的智慧，也体现了节气对农人农业生产的指导意义。

【提示】教师可搜集当地谚语，带学生学习。本次课以常见的谚语进行示范。

环节五：本节课总结（5分钟）

1. 教师总结今日所学。

2. 教师布置作业：完成"探索手册"。

六、参考板书

今日主题：农人种田观节气　　　　　日　期：　年　月　日

二十四节气——太阳照射、物候变化——指导农业生产

第6课 | 跟着老乡学耕种（2课时）

一、教学目标

1. 通过农人的讲解，学生能掌握翻耕、播种的方法和步骤，为实践做准备。

2. 通过教师引导，学生能掌握观察种子的方法，能描述农作物种子的基本特征。

3. 通过遵守"分工明确"的合作学习约定，各小组能合理分工，完成翻耕、播种任务。

4. 通过使用"农作物观察记录表"，学生能定期记录对农作物生长状况的观察。

二、教学重难点

1. 教学重点：学生体验翻耕、播种的过程。

2. 教学难点：小组安全有序地完成劳作任务。

三、教学建议

1. 教师可以邀请一位老乡，或懂得种地的教师进课堂，协助指导学生。

2. 教师请各组安全员发挥作用。

3. 在实践现场，教师进行安全示范（也可以请老乡或协助教师示范）。

4. 小组可以选择一种或多种农作物进行播种。

四、教学准备

1. 种子：教师准备适合该季节播种的农作物种子（也可请学生从家里带来），贵州省三四月份适合种植水稻、玉米、花生、大豆、辣椒、西瓜等农作物。

2. 场地：教师提前准备播种的土地（学校空地、花坛、农场均可），完成翻耕和平整（也可以组织学生现场完成），并划定小组区域；如果没有土地，教师可以用泡沫箱或其他容器，比如废旧水桶或者大一点的盒子等，装好泥土。

3. 工具：锄头或铲子，每组 1 ~ 2 把；浇水工具，每组 1 套；手套若干副。

4. 沟通交流：教师提前与老乡或协助教师沟通向学生介绍的翻耕和播种事项。

五、教学内容

本次课共 6 个环节，分别是"上节课回顾""老乡话耕种""观察农作物种子""讨论耕种分工""一起去耕种""分享耕种感受"，课程时长 80 分钟（2 课时）

环节一：上节课回顾（5分钟）

1. 齐诵《乡土开课辞》。

2. 教师组织学生回顾课堂约定、户外课堂约定。

3. 教师组织学生回顾上节课主要内容。

环节二：老乡话耕种（20分钟）

（一）目标

通过老乡的介绍，学生了解耕种的相关事项，为后续劳动实践做准备。

（二）步骤

1. 教师引入：通过前期的学习，我们已经掌握了农具的秘密，也探究了神秘的节气。现在，让我们将这些学习成果运用到实践中去。在这个节气，农民伯伯会播种哪些农作物呢？他们又会使用哪些农具呢？播种之前需要做哪些准备？今天，我们将跟随勤劳又智慧的农民伯伯，一起走进田里，体验耕种。

2. 教师组织学生欢迎老乡进课堂，并请老乡介绍耕种事项。

【提示】教师可以通过向老乡提问的方式，请老乡介绍翻耕和播种事项。建议问题如下：

①这个节气，我们这里适合种什么农作物呢？

②播种前，要做好哪些准备工作？

③翻耕需要哪些农具？

④播种时，需要哪些农具？

⑤播种的注意事项有哪些？

【提示】教师也可以请学生准备问题向老乡提问。如果后续环节不需要老乡指导学生耕种，教师可以组织学生向老乡表达感谢，并欢送老乡离开，如果后续的翻耕环节，教师还需要老乡示范，教师可以请老乡到旁边休息等待。

环节三：观察农作物种子（10分钟）

（一）目标

学生掌握观察种子的方法，能描述农作物种子的基本特征，如形状、大小、颜色和质地。

（二）步骤

1. 教师引入：刚才，农民伯伯向我们详细介绍了耕种的相关事项，真是受益匪浅！现在，老师已经准备好了一些可以播种的种子。在将它们种入土中之前，让我们先来仔细观察这些种子吧。大家还记得上学期我们观察了哪些种子，以及观察种子的方法吗？

2. 介绍任务和规则：观察农作物种子。

（1）观察农作物种子，在"探索手册"上做好记录。

（2）看一看种子的形状、颜色和大小；摸一摸种子，感受它的质地和光滑程度。

（3）音量为"2"，时长8分钟。

【提示】小组选择计划种植的农作物的种子进行观察，可以选择一种或多种。

环节四：讨论耕种分工（5分钟）

（一）目标

在教师指导下，小组能做好翻耕和播种分工，保证劳动实践有序开展。

（二）步骤

1. 教师引入：要成功完成翻耕和播种任务，我们需要把它分解成几个小任务，每个小任务都是播种成功的关键。接下来，我们将在小组内进行讨论，确保每个人都清楚自己的任务和责任。

2. 教师介绍翻耕和播种任务。

【提示】

①教师和学生说明实践区域。

②翻耕任务包括翻土和平整土地。

③播种：撒播任务包括把大块的土敲碎、撒播种子、覆盖土；点播任务包括挖播种穴、浇水、放种子、覆盖土；条播任务包括：挖垄、浇水、放种子、覆盖土。

3. 教师介绍任务和规则：讨论翻耕和播种分工。

（1）小组讨论翻耕和播种分工。

（2）声音为"2"，时间5分钟。

（3）遵守合作学习约定："分工明确"。

分工明确	
该怎么做？	**该怎么说？**
①开始前，组长组织小组确定分工 ②让每个人都有事做 ③努力完成自己的职责和分工	①请你负责……可以吗？ ②我的分工是……

4. 教师组织小组讨论分工。

【提示】讨论过程中，教师巡堂并计时，观察小组合作情况，适时适度介入；如果没有翻耕任务，小组只讨论播种任务分工即可。

环节五：一起去耕种（30分钟）

（一）目标

在教师引导下，小组合作并体验翻耕和农作物播种的过程，能积极参与并遵守劳动纪律和安全规范。

（二）步骤

1. 教师引入：同学们，大家已经做好了分工，每个人都清楚了自己的任务。现在，让我们把计划付诸实践吧！

2. 教师介绍任务和规则：一起去耕种。

（1）小组合作，完成耕种的任务。

（2）组长和资料员负责工具管理。

（3）安全员及时制止组员的违规行为。

（4）遵守户外课堂约定，爱护工具，注意安全。

（5）音量为"2"，时长30分钟。

3. 教师组织资料员领取农具并以小组为单位到达劳动实践地点。

4. 教师示范：使用锄头、翻地、挖穴、播种、覆土等。

【提示】教师可以请老乡示范并讲解如何使用锄头：使用锄头的时候，保证前后没有其他同学，锄头落下的时候注意双脚。翻耕和播种要点，教师也可以请老乡示范。

5. 教师组织小组合作完成任务。

【提示】过程中，教师应注意观察各组的工作进度、合作情况及工具使用情况，对于危险操作和违规行为及时干预，适时帮助遇到困难的小组，并为学生拍照、计时。

6. 教师组织学生清点工具、整理队伍、洗手并回教室。

环节六：分享耕种感受（10分钟）

（一）目标

在教师引导下，学生掌握"农作物观察记录表"的使用方法，能使用表格定期记录种植工作和农作物生长状况。

（二）步骤

1. 教师组织学生分享活动感受并点评今日学生活动表现。

【提示】

①分享人数和形式（是否组内分享）根据课程时间而定。

②教师点评维度可包括：劳动规范的遵守情况、工具使用方法、劳动成果等，对具体的优点进行明确表扬与鼓励，并指出有待改进之处。

2. 思考与互动。

（1）耕种只是第一步。接下来，我们需要怎么照顾种下的农作物、让它们茁壮成长呢？（浇水、施肥、除草……）

（2）大家还记得帮助我们了解农作物生长情况的工具——"农作物观察记录表"吗？

3. 教师组织学生做好记录。

【提示】

①教师提出要求（比如"农作物观察记录表"记录的频次等）。

②若时间宽裕，教师可以组织学生制作农作物标识牌。

③如果时间紧张，教师可以利用其他时间完成劳动实践活动总结、填写"农作物观察记录表"、制作农作物标识牌等。

4. 教师组织学生绘制单元思维导图[1]，填写"我的单元成长档案"[2]。

【提示】考虑到课堂时间有限，教师可找其他时间带领学生完成本步骤。

六、参考板书

今日主题：跟着老乡学耕种　　　　　　　　　日　期：　　年　月　日
播种注意事项　翻耕或播种分工 （根据实际播种情况进行板书） **"农作物观察记录表"**

1　思维导图的绘制方法，可参考"彩绘山中田"，本书第23页。

2　"我的单元成长档案"的填写方法，可参考"彩绘山中田"，本书第24页。

七、思维导图内容框架

本思维导图仅展示了单元内容框架，教师带领学生绘制思维导图时，可参考电子课件中的思维导图范例。

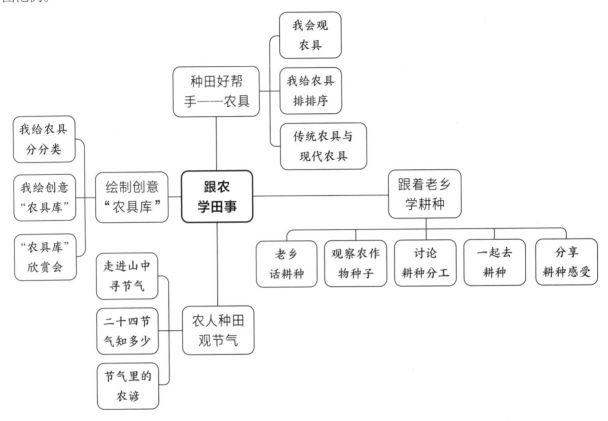

第 三 单 元
田里收获去哪了

一、单元设计思路

"田里收获去哪了"属于"山中田事"主题下学期的第三个单元。农民辛苦耕作了一年，他们最真挚的期盼莫过于沉甸甸的收获。本单元学生将踏上一场追踪之旅，揭秘农作物收获后从田间到餐桌，乃至更广泛用途的奇妙变化。最后，通过教师引导，学生再次认识农作物从播种到收获，除了农民伯伯的辛勤付出，离不开自然万物的相助。

二、单元跨学科设计

本单元涉及美术、科学、语文三门学科。

三、单元目标

（一）自信分享

1. 学生能遵守分享规则，主动分享观察、感受、创作成果以及小组得出的结论等内容。

2. 学生能围绕主题清晰、流畅、内容丰富地分享内容。

（二）乐学善学

1. 学生能积极参与课堂互动、小组讨论等不同类型的学习活动。

2. 学生能绘制"田里收获用途多"的思维导图。

（三）沟通合作

1. 学生愿意参加讨论，能在讨论中熟练运用"轮流发言""专注倾听"的合作学习约定。

2. 学生能在限定时间内开展组内合作，明确分工，并尝试履行自己的职责。

四、单元课程目录

五、相关概念

丰收：收成好。

收获：在农业上，"收获"指的是农作物成熟后被采摘或收割的过程，以及由此得到的产品或成果。

收成：指庄稼、蔬菜、果品等收获的成果。

第7课 | 田里收获大追踪（2课时）

一、教学目标

1. 通过观察图片，结合生活经验，学生能归纳农作物收获后的去向，认识到农作物对人和动物的重要性。

2. 通过教师引导，学生能绘制思维导图，梳理农作物收获后的用途。

3. 通过教师引导，结合所学，学生能理解在农业生产中农人的付出、自然万物的帮助。

二、教学重难点

学生能归纳出农作物收获后的常见用途，体会农作物对人类和其他动物的重要性。

三、教学建议

教师引导学生了解农作物收获后的主要用途，比如直接成为食物、秸秆回归田里成为肥料、果实成熟后被留下来成为种子、饲养其他动物等。

四、教学准备

工具：彩笔，每组 1～2 盒。

五、教学内容

本次课，共 4 个环节，分别是"上节课回顾""田里收获去哪了""田里收获用途多"和"本节课总结"，课程时长 80 分钟（2 课时）。

环节一：上节课回顾（5分钟）

1. 齐诵《乡土开课辞》。

2. 教师组织学生回顾课堂约定。

3. 教师组织学生回顾上节课主要内容。

环节二：田里收获去哪了（35分钟）

（一）目标

学生观察图片并结合经验，小组讨论归纳农作物收获后的多种用途。

（二）步骤

1. 教师引入：一份耕耘，一份收获。农民伯伯播下希望的种子，经过几个月或大半年的辛勤劳作，终于迎来了收获。这些收获后的农作物最终都流向了哪里呢？今天，我们就来追踪一下田里收获的去向。

2. 思考与互动：上节课，许多小组都种植了玉米，等玉米收获后，你打算用它们来做什么呢？

3. 教师总结：玉米的多种用途。

　　除了上餐桌以及用作动物饲料外，玉米还有很多用途。玉米可以加工成其他食品，比如玉米油、玉米淀粉、玉米糖浆、玉米酒。玉米在工业上也有着广泛的用途，比如加工成可再生能源、塑料、粘合剂和其他工业产品。玉米的多功能性使其成为全球范围内重要的农作物之一。

4. 思考与互动：除了玉米，农民伯伯还会种植许多其他农作物。你知道这些农作物收获后有什么用吗？有的农作物会被农民伯伯出售卖掉，那它们会流向哪里，最终变成什么产品呢？

5. 教师介绍任务和规则：田里收获去哪了。

（1）小组讨论，完成"探索手册"中"学习驿站"的第一题。

（2）遵守合作学习约定："轮流发言""专注倾听"。

（3）音量为"2"，时长20分钟。

轮流发言	
该怎么做？	该怎么说？
①按组长指定的顺序，每个人依次发言 ②听上一个同学说完，再开始分享	组员：我认为农民伯伯把收获的土豆放进了地窖里，留着自己家里吃 组长：轮到你发言了
专注倾听	
该怎么做？	该怎么说？
①看着发言的人，微笑或点头表示听懂 ②不打断别人的发言	—（保持音量为"0"）

6. 教师组织小组完成任务。

7. 教师组织小组代表分享。

8. 教师总结：收获后的农作物有多种用途：有些被人类或者动物直接食用；有些经过加工变成食

品；有些送往工厂，被榨成油、制成糖或淀粉等；有些被送到化工厂，制成药物和织物；还有些被农民伯伯精心挑选作为优质种子保存下来，以备来年播种。另外，未被收走的农作物，如秸秆等，就成为天然肥料。

【提示】

①教师在总结时，可以和学生互动，问问他们是否了解。

②如果有条件，教师可以带学生参观村里的酿酒厂、榨油厂等作坊，让学生更直观地感受农作物收获后的去向。

环节三：田里收获用途多（35分钟）

（一）目标

结合前期所学，学生能利用思维导图呈现农作物收获后的多种用途，并进一步理解农作物从播种到收获，离不开自然万物的相助。

（二）步骤

1. 教师介绍任务和规则：田里收获用途多。

（1）请结合所学，使用思维导图呈现农作物收获后的多种用途。

（2）核心主题为"田里收获用途多"，其他分支自己创作。

（3）记得绘制思维导图的注意事项，比如不同分支使用不同的颜色等。

（4）音量为"1"，时长20分钟。

2. 教师组织学生代表分享。

3. 教师小结：农作物收获后用途真是多。

4. 思考与互动：结合上学期和本学期所学，请你想一想要让田里有好的收获，离不开什么呢？

5. 教师总结。

你们知道吗？田里能够有好的收获，可不是一件简单的事情。首先，农作物需要阳光，因为阳光能帮助植物生长；其次，它们还需要水，水是生命之源；还有，土壤也很重要，它就像植物的"营养库"，提供了植物需要的营养。

除了这些，农作物还需要农民伯伯的照顾，需要风与小昆虫传播花粉，需要云彩带来阴凉和雨水。农作物从播种到收获，离不开自然万物的相助。

环节四：本节课总结（5分钟）

1. 教师总结今日所学。

2. 教师布置作业：完成"探索手册"。

六、参考板书

今日主题：田里收获大追踪　　　　　日　期：　年　月　日

农作物收获去哪了：

加工成其他食品、秸秆肥地、被留下来成为种子、

饲养动物、加工成工业品等

农作物从播种到收获，离不开自然万物的相助

第 四 单 元
守护山田共行动

一、单元设计思路

山田不仅是农民赖以生存的基础，更是自然生态的重要组成部分。现代农业的发展带来了土地污染、水土流失、农药化肥过度使用等问题，不仅使山田陷入了"生病"的困境，还对生态环境造成了巨大破坏。

"守护山田共行动"是"山中田事"主题下学期的第四个单元。本单元围绕山田"生病"展开，通过了解山田"生病"的原因，探索守护山田的方法，学生能够树立起农业可持续生产的意识，更深入地理解农业生态的重要性，养成爱护环境、保护土壤的环境观念。最后，学生通过编创保护田的海报，呼吁更多人参与到守护山田的行动中。

二、单元跨学科设计

本单元涉及美术、综合实践、科学、语文、道德与法治五门学科。

三、单元目标

（一）审美情趣

1. 结合所见所学，学生能用线条、色彩、形状等绘画元素，绘制护田海报。

2. 学生能欣赏和评价他人的作品。

（二）自信分享

1. 学生能遵守分享规则，主动分享观察、感受、创作成果以及小组得出的结论等内容。

2. 学生能围绕既定主题，清晰、明了、流畅地分享内容，并尝试增加细节描述。

（三）沟通合作

1. 学生愿意参加讨论，能在讨论中遵守"轮流发言""专注倾听""分工明确""及时点赞"的合作学习约定。

2. 学生能在限定时间内开展组内合作，并尝试履行自己的职责。

（四）社会责任

学生能树立保护土地资源和农田自然生态的意识，并通过实际行动影响和带动其他人共同关注和爱护山田健康。

（五）乐学善学

1. 学生能积极参与课堂互动、小组讨论、艺术创作等不同类型的学习活动。

2. 学生能绘制四级主题的学期思维导图，梳理学期所学内容。

3. 学生能使用"我的成长档案"进行自我评价和小组互评，初步树立反思和改进的意识。

四、单元课程目录

第8课　山田"生病"怎么办?（2课时）

第9课　守护山田共行动（2课时）

五、相关概念

可持续农业：指采取某种合理使用和维护自然资源的方式，实行技术变革和机制改革，以确保当代人类及其后代对农产品需求可以持续发展的农业系统。可持续农业的特点是维护并合理利用土地、水和动植物资源。

海报：一种视觉传达工具，主要用于宣传、公告或展示信息。它通常由图像、文字和其他视觉元素组成，目的是吸引人们的注意力并传达特定的信息或主题。

第 **8** 课 | 山田"生病"怎么办？（2 课时）

一、教学目标

1. 通过观察图片、阅读资料、小组讨论、教师讲解，学生结合生活经验能发现当地存在的山田问题及产生的原因。

2. 通过教师引导、小组讨论，学生能找到 3 ~ 4 种改善山田问题的办法，萌生积极保护山田的意愿。

3. 通过观看视频，学生初步了解可持续农业的概念，能说出 1 ~ 2 种生产模式。

二、教学重难点

学生能说出当地常见的山田问题及其产生的原因。

三、教学建议

1. 教师引导学生结合生活经验分析。

2. 教师可以举一些当地田被污染的实例。

四、教学准备

1. 照片：教师提前搜集一些田的问题并拍照。

2. 视频：以"可持续农业"为主题的视频（如堆肥、稻田蛙、生态驱虫等）[1]。

五、教学内容

本次课共 5 个环节，分别是"上节课回顾""山田'生病'知多少""守护山田我能行""初识'可持续农业'""本节课总结"，课程时长 80 分钟（2 课时）。

---

1 网络搜索关键词"可持续农业 堆肥 稻田蛙 生态驱虫"等可获取。

环节一：上节课回顾（5分钟）

1. 齐诵《乡土开课辞》。

2. 教师组织学生回顾课堂约定。

3. 教师组织学生回顾上节课主要内容。

环节二：山田"生病"知多少（35分钟）

（一）目标

通过观察图片、结合经验、小组讨论、阅读资料、教师讲解等形式，学生能说出当地常见的山田问题及其产生的原因。

（二）步骤

1. 教师引入：田养育了农作物，给我们提供了食物。但是，如果我们不好好照顾它，田也会"生病"。那么，我们怎样才能保护好田，让它健健康康呢？本节课，我们将开启"守护山田共行动"单元。

2. 教师介绍任务和规则：山田问题细观察。

（1）仔细观察图片中山田的问题，小组讨论山田"生病"的表现。

（2）音量为"2"，时长8分钟。

（3）遵守合作学习约定："轮流发言"。

轮流发言	
该怎么做？	该怎么说？
一次只有一个人发言	①我发现山田…… ②我想知道……

3. 教师组织小组完成任务。

4. 教师组织小组代表分享。

5. 教师小结：耕作层变浅、山田板结、山田污染、山田盐渍化、水土流失等，这些都是山田"生病"的表现。

6. 思考与互动：导致山田"生病"的原因有哪些？

7. 教师介绍任务和规则：山田"病因"找一找。

8. 教师介绍规则。

（1）自主阅读"探索手册"对应内容。

（2）总结归纳材料中山田"生病"的主要原因。

（3）音量为"1"，时长10分钟。

9. 教师组织学生自主完成任务。

10. 教师组织学生代表分享。

11. 教师总结:除了自然因素,我们发现还有很多让山田 "生病" 的原因。可能是因为过度耕种导致的水土流失和荒漠化,可能是排放废水导致土地污染,可能是垃圾污染山田,也可能是过度使用农药、化肥,破坏了土壤结构,导致毒素残留等等。

环节三:守护山田我能行(20分钟)

(一)目标

结合生活经验和所学,学生能说出 3 ~ 4 种改善山田问题的方法,树立保护田的意识。

(二)步骤

1. 教师引入:结合前期所学和生活经验,针对山田问题,作为小学生的我们可以做什么呢?

2. 教师介绍任务和规则:守护山田我能行。

(1)针对山田问题,小组讨论作为小学生的我们可以做什么。

(2)音量为 "2",时长 10 分钟。

(3)遵守合作学习约定:"专注倾听" "做好记录"。

专注倾听	
该怎么做?	**该怎么说?**
①看着发言的人,微笑或点头表示听懂 ②不打断别人的发言	—(保持音量为 "0")
做好记录	
该怎么做?	**该怎么说?**
记录员记录要点和结论	我们组的结论是……

3. 教师组织小组讨论。

4. 教师组织学生代表分享。

5. 教师总结:大家集思广益,想出了很多守护山田的方法!比如,我们可以建议老乡和家人在田里进行作物轮作(不要一直种同一种农作物),我们可以清理田里的垃圾……

环节四:初识 "可持续农业"(15分钟)

(一)目标

通过观看视频,学生初步了解可持续农业。

(二)步骤

1. 教师引入:越来越多人意识到农业对环境造成的影响,提出了 "可持续农业" 的概念。

2. 教师介绍 "可持续农业" 的概念:可持续农业,指的是农业的发展应该合理利用水、土等环境资源，而不是为了提高农作物产量，牺牲、破坏农田与生态。

3. 教师播放小视频了解几个生态农业的方法（堆肥、生态驱虫、蛙稻田）。

【提示】看完视频，邀请学生说一说视频里的信息。如果看一遍，学生未能理解，教师可以重复播放视频并加以讲解。

4. 教师总结：可持续农业不仅能保护环境，让农田可持续利用，而且能生产更加绿色健康的有机农产品，更受消费者欢迎！

环节五：本节课总结（5分钟）

1. 教师总结今日所学。

2. 教师布置作业：完成"探索手册"。

六、参考板书

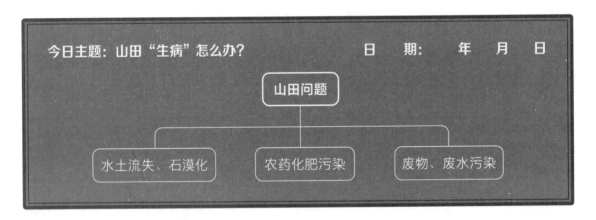

第**9**课 | 守护山田共行动 （2 课时）

一、教学目标

1. 通过观看示范作品，学生结合所学、发挥想象，完成"保护山田"主题海报的制作，呼吁人们保护山田。

2. 通过教师示范，学生能遵守分享规则进行组内分享，并能客观、全面地评价同学的作品。

3. 通过教师引导，学生能够绘制四级主题的学期思维导图，梳理、总结本学期所学。

4. 通过使用"我的学期成长档案"，学生能对自己和同组伙伴的学习表现进行评价和反思，总结自己和同组伙伴的学期成长变化。

二、教学重难点

1. 教学重点：学生发挥想象力，创作主题海报。

2. 教学难点：学生能欣赏和评价他人作品。

三、教学建议

1. 教师做介绍和欣赏海报的示范。

2. 请学生参考"探索手册"中的提示进行评价。

四、教学准备

1. 工具：彩笔，每组 1 ~ 2 盒。

2. 图片：以"保护山田"为主题的儿童画海报[1]。

---

1 网络搜索关键词"保护　农田　儿童画"可获取。

五、教学内容

本次课共 6 个环节，分别是"上节课回顾""我画护田海报""护田海报欣赏会""绘制学期思维导图""我的学期成长档案""本节课总结"，课程时长 80 分钟（2 课时）。

环节一：上节课回顾（5分钟）

1. 齐诵《乡土开课辞》。

2. 教师组织学生回顾课堂约定。

3. 教师组织学生回顾上节课主要内容。

环节二：我画护田海报（25分钟）

（一）目标

学生能发挥想象力，编创主题为"保护山田"的海报，呼吁人们爱田护田。

（二）步骤

1. 教师引入：通过上节课的学习，我们已经了解到田"生病"的原因，以及我们能够做些什么保护它们。现在，让我们通过"海报"这一工具，呼吁更多的人一起爱田护田吧！

2. 教师介绍海报：海报是一种用于宣传、告知或呼吁的表达方式。通过图形、文字和色彩等绘画元素的有机组合和精心设计，可以在第一时间吸引他人目光，向大家展示宣传信息。

3. 教师出示：以"保护山田"为主题的儿童画海报。

【提示】教师引导学生认真观看示范画。

①你看到了什么？

②海报中有哪些颜色？

③我们要呼吁大家保护什么？

④你打算如何设计你的海报？

4. 教师介绍任务和规则：我画护田海报。

（1）以"护田，从我做起"为主题设计保护山田的海报。

（2）在海报上书写标语，呼吁更多人参与护田行动，比如：你我携手，共护家乡田。

（3）先用铅笔打底稿，再用彩笔勾边、涂色来美化。

（4）音量为"1"，时长 20 分钟。

5. 教师组织资料员领取制作材料。

6. 教师组织学生在"探索手册"绘制护田海报。

环节三：护田海报欣赏会（10分钟）

（一）目标

在教师引导下，学生能在小组内介绍自己的作品，同时欣赏和评价他人的作品。

（二）步骤

1. 教师介绍任务和规则：护田海报欣赏会。

（1）组长指定某位同学先介绍自己的作品，其他同学欣赏完这位同学的作品后作出评价。

（2）可以从颜色搭配、文字表达和作品创意等方面给予评价。

（3）也可以表达自己的感受，比如"我喜欢你写的护田标语，它很有感染力"。

（4）音量为"2"，时长8分钟。

（5）遵守合作学习约定："轮流发言""及时点赞"。

轮流发言	
该怎么做？	**该怎么说？**
①一位同学先分享作品 ②其他同学给予评价	大家好，接下来由我介绍我的作品……
及时点赞	
该怎么做？	**该怎么说？**
①竖起大拇指 ②微笑、鼓掌	①你介绍得很好 ②你点评得很好

2. 教师组织学生开展组内分享和相互点评的任务。

3. 教师总结：为了让山田保持健康，我们应该呼吁更多的人爱护田。

【提示】教师可将学生作品拍照、打印，张贴在学校宣传栏展示。放学时，安排班级代表介绍海报并呼吁全校爱护田。6月25日为全国土地日，是国务院确定的第一个全国土地纪念宣传日，中国是世界上第一个为保护土地而设立专门纪念日的国家，教师可以组织学生在这一天开展宣传活动。

环节四：绘制学期思维导图（15分钟）

（一）目标

学生能按照要求绘制学期思维导图，回顾学期内容。

（二）步骤

1. 教师引入：到这里，我们本学期的课程也快要结束了。本学期，你最难忘的事情或课程是什么？关于农具或节气，你学到了哪些知识？在播种和照顾（浇水、除草等）农作物过程中，你有什么感受？接下来，请同学们再次用思维导图梳理本学期所学。

2. 教师发布任务：绘制思维导图。

（1）请围绕学期主题绘制学期思维导图。

（2）思维导图包含四级主题内容，要尽可能详细、图文并茂。

（3）音量为"1"，时长 13 分钟。

3. 教师组织学生绘制思维导图[1]。

【提示】在绘制思维导图时候，教师请学生翻看"探索手册"，回忆每节课具体所学内容。

环节五：我的学期成长档案（20分钟）

（一）目标

学生能填写"我的学期成长档案"，进行自我评价和小组互评，总结个人和小组的成长变化。

（二）步骤

1. 教师引入：本学期，我们开展了丰富有趣的学习活动，各小组也团结一致地完成了各项合作任务。在本学期的最后，想一想，你对自己的学习是否满意？你对小组伙伴的表现是否满意？接下来我们完成"我的学期成长档案"的填写。

2. 教师组织学生填写"探索手册"中"我的学期成长档案"[2]。

3. 教师可结合实际情况，组织学生分享学期个人成长情况。

4. 教师组织各小组，遵守"轮流发言"的合作学习约定，在组内互相表达感谢。感谢这个学期，彼此之间的支持与帮助。

【提示】如果课程时间紧张，教师可以找另外的时间带学生完成"学期思维导图"和"我的学期成长档案"。

环节六：本节课总结（5分钟）

1. 教师总结今日所学。

2. 教师布置作业：完成"探索手册"。

六、参考板书

今日主题：守护山田共行动 　　　　　　　日　期：　年　月　日

呼吁大家爱护田

海报：一种宣传、告知或呼吁的表达方式

6月25日——全国土地日

---

1 思维导图的绘制方法，可参考"彩绘山中田"，本书第23页。

2 "我的学期成长档案"的填写方法，可参考"彩绘山中田"，本书第24页。

七、思维导图内容框架

本思维导图仅展示了学期内容框架，教师带领学生绘制思维导图时，可参考电子课件中的思维导图范例。

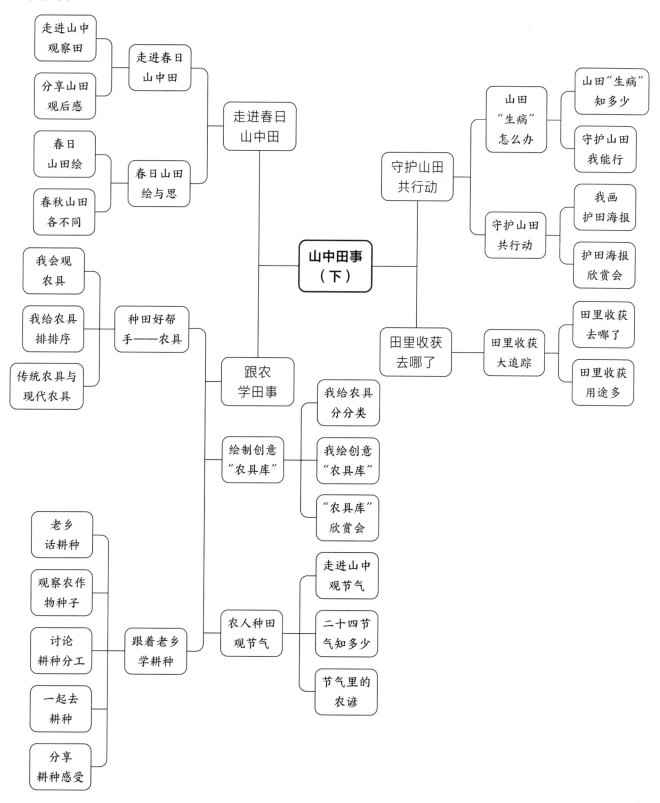

附录1┃"山中田事（下）"教具清单

序号	对应课程	物品名称	单位	分配方式	备注
1	整个学期	《山中田事》（引导手册）	本	每师1本	教师备课
2		《山中田事（下）》（探索手册）	本	每生1本	学生使用
3		彩笔	盒	每组1~2盒	彩铅或油画棒皆可
4	开学第一课	自制卡片	张	每组若干张	分组
5	第2课 种田好帮手——农具	农具锄头、簸箕、铲子、镰刀、背篓、扁担、连枷等传统农具	种	根据实际情况准备	给学生展示和学习
6	第6课 跟着老乡学耕种	适合该季节播种的农作物种子	份	每组1份	
		锄头/铲子、浇水工具(花洒、水桶或水盆等)、手套等耕种工具	套	每组1套	根据情况确定是否要准备

建议采购：绘本《田野里的自然历史课》，每班1~2套。

附录 2 | "山中田事"（下）学生学期评价量表

素养目标	评价标准			
	非常出色	再接再厉	努力加油	还需改进
自信分享	1. 能自觉地遵守分享规则 2. 能围绕主题，清晰、流畅、有条理地分享	1. 较为自觉地遵守分享规则 2. 能围绕主题，清晰、流畅地分享	1. 在教师或同伴提醒下，能较为自觉地遵守分享规则 2. 在教师引导下，能围绕主题较为清晰、流畅地分享	1. 分享时，不能遵守分享规则 2. 分享内容不清楚，主题不明确等
乡土认同	能说出 6～7 种当地常见的农具及其特点，能说出二十四节气的名称，并举例解释节气对农业的价值	能说出 4～5 种当地常见的农具及其特点，能说出二十四节气的名称，并举例解释节气对农业的价值	能说出 1～3 种当地常见的农具及其特点，能说出二十四节气的名称，并举例解释节气对农业的价值	不能描述或说出上述内容等
社会责任	1. 在大多数情况下，能自觉遵守课堂公约，并协助老师维护课堂约定 2. 能提出具体可行的护田的举措并具有较强烈的保护田的意愿	1. 大多数情况下，能自觉遵守课堂约定 2. 能提出具体护田的举措并具有较高的保护田的意愿	1. 在教师引导下，能有意识地遵守课堂约定 2. 能提出一些护田的举措并有一定的保护田的意愿	1. 经教师多次提醒，仍无法遵守课堂约定，不尊重教师和同学等 2. 难以提出具体的护田举措，或保护田的意愿较低
勇于探究	能运用感官、工具，通过观察、实验，得出结论，并用比较准确的词汇描述	能运用感官、工具，通过观察、实验，得出结论，进行描述	在教师或其他同学帮助下，能运用感官、工具，通过观察、实验，得出结论，进行描述	消极对待探究活动，不愿意尝试等
实践创新	能较好地掌握耕种事项，表现出积极的劳动态度	能掌握耕种事项，表现出积极的劳动态度	能参与耕种事项，表现出较积极的劳动态度	不能参与类似活动等

（续表）

素养目标	评价标准			
	非常出色	**再接再厉**	**努力加油**	**还需改进**
乐学善学	1. 能在大多数课堂中积极参与各项活动，认真完成各项工作 2. 能运用"农作物观察记录表"持之以恒记录农作物生长情况，且观察记录较认真准确 3. 能绘制四级且用不同颜色进行区分的思维导图，逻辑清晰、字迹工整 4. 能认真完成"我的成长档案"，能客观地评价自己和组员的变化，积极改进	1. 能在半数课堂中积极参与各项活动，认真完成各项工作 2. 能运用"农作物观察记录表"记录农作物生长情况，且观察记录较认真仔细 3. 能绘制四级且用不同颜色进行区分的思维导图，逻辑较清晰或字迹工整 4. 能认真完成"我的成长档案"，能客观地评价自己和组员的变化，尝试改进	1. 在老师的提醒下，能参与课堂活动 2. 能运用"农作物观察记录表"记录农作物生长情况 3. 能绘制四级且用不同颜色进行区分的思维导图 4. 能在教师的引导下，完成"我的成长档案"	1. 大部分课堂中不积极参与，经常开小差等 2. 未填写"农作物观察记录表" 3. 不能绘制思维导图 4. 不能认真完成"我的成长档案"
沟通合作	1. 在小组讨论中良好地遵守"轮流发言""专注倾听""举手表决"等合作学习约定 2. 能明确自己的角色和责任，良好地完成小组任务	1. 在小组讨论中较好地遵守"轮流发言""专注倾听""举手表决"等合作学习约定 2. 能明确自己的角色和责任，较好地完成小组任务	1. 在教师引导下，在小组讨论中遵守"轮流发言""专注倾听""举手表决"等合作学习约定 2. 能参与小组任务	不能参与小组合作等
审美情趣	1. 能用较为准确的词汇从不同角度欣赏他人作品 2. 能用绘画的形式准确完整地表现所观察事物特征，且画面整洁、线条清晰、色彩丰富、细节具体（达成3点即可）	1. 能从不同角度欣赏他人作品 2. 能用绘画等形式表现观察事物的特征，且画面整洁、线条清晰、色彩丰富、细节具体(达成2点即可)	1. 能欣赏他人作品 2. 愿意参与艺术创作，能用图画表现观察事物的特征	1. 不能欣赏他人作品 2. 消极对待艺术创作活动，画面混乱，表现内容不清晰等

附录 3 | 合作学习约定汇总

本附录汇总了本手册出现的 8 条合作学习约定，供教师在实际的教学场景中参考。

举手表决	
该怎么做？	该怎么说？
举手投票，少数服从多数	支持……的同学请举手

轮流发言	
该怎么做？	该怎么说？
①指定的顺序，每个人依次发言 ②听上一个同学说完，再开始分享	①我建议……做组长，因为…… ②我推荐自己做组长，因为…… ③我想做资料员／安全员，因为……

专注倾听	
该怎么做？	该怎么说？
①看着发言的人，微笑或点头表示听懂 ②不打断别人的发言	—（保持音量为"0"）

达成共识	
该怎么做？	该怎么说？
①组长要让每个组员都能表达意见 ②每一个观点都要提供理由 ③经过讨论仍意见不一时，举手投票	①对于这个问题，你怎么想 ②我认为……因为…… ③我同意／不同意……的观点，因为…… ④我们组的结论是……

多方求助	
该怎么做？	该怎么说？
①提出请求 ②顺序求助：工具书→组员→组长→其他小组→老师	①可以帮帮我吗？ ②我需要协助

积极助人	
该怎么做？	该怎么说？
主动帮助别人	①你需要帮忙吗 ②我来帮你？

做好记录	
该怎么做？	该怎么说？
①记录员记录关键词和主要内容 ②重复的内容只记录一次	组长：请你负责记录，可以吗？ 记录员：我们组的结论是……

分工明确	
该怎么做？	该怎么说？
①组长组织分工，让每个人都有事做 ②每个人努力完成自己的分工	组长：请你负责……可以吗？ 组员：①我的分工是…… ②我想……

致谢

自 2020 年春季学期伊始，《山中田事》主题历经四载春秋，五次迭代更新。这本课程引导手册在贵州省遵义市正安县、务川仡佬族苗族自治县、黔西南布依族苗族自治州贞丰县、兴义市、毕节市七星关区等百余所乡村小学的沃土上进行了实践。

在此过程中，我们深感荣幸能够得到来自社会各界的广泛支持与积极参与。为此，我们要向所有支持者表达最深切的感激之情：

贵州省正安县田字格兴隆实验小学，作为乡土人本教育的实践典范与乡土课的摇篮，为我们提供了丰富的课程教学经验，是我们重要且宝贵的实践基地。

中国发展研究基金会，为"乡土村小"项目学校实施乡土课提供了强有力的支持，为乡土教育的蓬勃发展注入了新活力。

贵州省正安县教育体育局、毕节市七星关区教育局、贞丰县教育局、兴义市教育局和务川仡佬族苗族自治县教育体育局等相关教育主管部门，多年来始终坚定不移地支持着乡土教育项目，为百余所乡村小学的一线教师顺利开展乡土课教学提供了坚实保障。这些一线教师在教学实践中积累的丰富经验，以及地方教育主管部门针对过往教学、教案、课堂提出的宝贵意见与改进建议，不仅极大地推动了乡土课课程设计的持续精进与完善，更为成功编纂本套丛书奠定了坚实基础。

北京师范大学郑新蓉教授也为本书提供了宝贵的指导意见。

我们还要向所有为这套系列课程贡献力量的领导、专家、老师以及同行伙伴致以最诚挚的谢意。正是有了大家的共同努力和智慧，这套手册才能得以完善，更好地服务于乡村教育的实践和发展。

致谢名单

参与《山中田事》（引导手册）编写的伙伴：钟馨乐，毛静娴。

参与《山中田事》（探索手册）编写的伙伴：向春蕾，陈晓蕾。

参与《山中田事》"引导手册""探索手册"和电子课件制作校对的伙伴：仲夏，张凡，李昀琪，黄丽群。